蔬菜栽培技术及病虫害综合防治

郭丛阳 主 编

甘肃科学技术出版社

图书在版编目（CIP）数据

蔬菜栽培技术及病虫害综合防治 / 郭丛阳主编 . --
兰州：甘肃科学技术出版社，2020.12
ISBN 978-7-5424-2514-0

Ⅰ . ①蔬… Ⅱ . ①郭… Ⅲ. ①蔬菜园艺②蔬菜—病虫
害防治 Ⅳ . ①S63②S436.3

中国版本图书馆CIP数据核字（2020）第190980号

蔬菜栽培技术及病虫害综合防治

郭丛阳　主编

责任编辑　刘　钊
封面设计　张　宇

出　版　甘肃科学技术出版社
社　址　兰州市读者大道568号　730030
网　址　www.gskejipress.com
电　话　0931-8125103　（编辑部）　0931-8773237　（发行部）
京东官方旗舰店　https://mall.jd.com/index-655807.html

发　行　甘肃科学技术出版社　　　印　刷　甘肃城科工贸印刷有限公司印刷
开　本　710毫米×1020毫米　1/16　印　张　9.5　插页　6　字　数170千
版　次　2021年3月第1版
印　次　2021年3月第1次印刷
印　数　1~5000
书　号　ISBN 978-7-5424-2514-0　　定　价　29.00元

番茄标准化生产

辣椒标准化生产

红提葡萄标准化生产

人参果标准化生产

韭菜标准化生产

韭黄标准化生产

西芹标准化生产

西葫芦标准化生产

食用菌标准化生产

菜花标准化生产

蒜苗标准化生产

笋子标准化生产

娃娃菜标准化生产

西芹标准化生产

西瓜标准化生产

集约化育苗生产基地

总 序

　　产业兴旺是乡村振兴的基石，是实现农民增收、农业发展和农村繁荣的经济基础。产业兴旺的核心是农业现代化。实现农业现代化的途径是农业科技创新和成果的转化，而这一过程的核心是人。本书的作者是一批长期扎根基层、勤于实践、善于总结的广大农技人员，他们的探索创新，为当地产业发展提供了理论和技术的支撑，所编之书，目标明确，就是要通过培养，提升农民科学种田、养殖的水平，让最广大的农民群体在农村广阔天地大显身手，各尽其能，实现乡村振兴。

　　甘肃是一个特色鲜明的生态农业大省，多样的地形、气候、生物，造就了特色突出、内容丰富的多样农业生产方式和产品，节水农业、旱作农业、设施农业……古浪县是甘肃农业的缩影，有高寒阴湿区、半干旱区、绿洲灌溉区、干旱荒漠区。在这片土地上，农业科技工作者，潜心研究、艰辛耕耘，创新并制定实施了一系列先进实用、接地气的农业技术，加快了当地农业科技进步和现代农业进程。依据资源条件和实践内容，他们凝练编写了这套涵盖"设施修建、标准化生产、饲料加工、疫病防控、病虫害防治、农药使用"等产业发展全过程的操作技能和方法的实用技术丛书，内容丰富，浅显易懂，操纵性强，是培养有文化、懂技术、善经营的现代农民的实用教程，适合广大基层农业工作者和生产者借鉴。教材的编写，技术的普及，将为甘肃省具有生态优势、生产优势的高原夏菜、中药材、肉羊、枸杞及设施果蔬等一批特色产业做强做优发挥积极作用，助力全省产业兴民、乡村振兴。

祝愿这套丛书能够早日出版发行，成为县域经济快速发展和推动乡村振兴的重要参考，为甘肃特色优势产业发展和高素质农民培育起到积极作用。

2020 年 9 月 3 日

前　言

　　农业的出路在现代化，农业现代化的关键在科技进步。加快农业技术成果转化推广应用，用科技助力产业兴旺，推动农业转型升级和高质量发展，增强农业农村发展新动能，对帮助农民致富、提高农民素质、富裕农民口袋和巩固脱贫成果、提升脱贫质量、对接乡村振兴均具有重要的现实意义。

　　系统总结农业实用技术，目的是：帮助广大农业生产者提高科技素养及专业技能，让农业科技成果真正从试验示范到大面积推广；进一步提高乡村产业发展的质量和效益；夯实农民增收后劲，增强农村自我发展能力。我们整合众多农业科技推广工作者之力，广泛收集资料，在生产一线不断改进，用生产实践证明应用成效，筛选出新时代乡村重点产业实用技术，用简单易学的方式、通俗易懂的文字总结归纳技术要点，经修改补充完善后汇编成册，形成农民实用技术培训丛书，对乡村振兴战略实施具有重要的指导性和参考价值。

　　《蔬菜栽培技术及病虫害综合防治》主要从日光温室建造、土壤改良、标准化生产、病虫害防治、农药使用方法及灾害性天气预防等方面进行详细介绍，内容简明扼要，具有较强的针对性和指导性，适合广大农民朋友学习使用。期望通过应用标准化技术走出节水高效农业的新路子，为蔬菜产业高质量绿色发展和丰富群众"菜篮子"起到帮助作用。

　　由于编写时间仓促，编者水平有限，书中错误和疏漏之处在所难免，欢迎广大读者和同行批评指正。

编者

2020 年 4 月

目　录

优化型二代日光温室建造技术

一、选地规划

遵循的原则是：地形开阔，东南西三面无高大树木、建筑物遮荫；地下水位低，土壤疏松肥沃；交通便利，水、电设施配套齐全；规模化建设要做好渠、路、林、棚总体规划，采光区宽度不得小于 8 米。

二、确定方位

场地确定后，对温室用地进行平整，清除杂物，然后按正南偏西 5°~10°放线。

三、墙体施工

施工一般从春季开始，必须在土壤封冻前结束，使墙体在生产时充分干透。墙体位置确定后，开挖宽 220~240 厘米，深 50~60 厘米的槽型墙基，底部夯实后铺一层防潮膜，用砖石、混凝土砌成墙基，然后把温室内的耕作层土壤移出到室外南面，而后开始打墙，山墙和后墙衔接处采用山墙包后墙的方式，以增加山墙对铁丝的抗拉力。

四、后屋面施工

1. 预埋件制作

在两侧山墙外距墙体 50 厘米处，开挖长 5 米、宽 50 厘米、深 80 厘米的预制槽，在槽内等距离直立放入 12 根长 90 厘米，两端带圆环的直径

10 毫米钢筋，下端横穿一根直径 10 毫米钢筋，然后用混凝土浇筑。

2. 回填熟土

把取出的熟土运回温室内，然后再灌水使土壤塌实后平整地面。

3. 埋后立柱

在距后墙基部 0.9~1 米处，按 1.8 米间距挖好立柱基坑，基坑深度 60 厘米，夯实并填好基石，然后把立柱立于坑内，逐个进行调整，使其顶端处于同一个平面上，并向北倾斜（立柱顶端垂线距立柱基部 25~30 厘米），逐个调整使立柱前后一致，最后添土夯实基坑，固定立柱。

4. 固定檩条

在后墙距地面 2.8 米高的位置挖出斜洞，洞深 60~80 厘米，洞底垫基石，然后将檩条的大头放在立柱上，并向南伸出 90 厘米，小头放在后墙的斜洞内。檩条前沿东西横向用木板固定，以增加后屋面抗压强度。

5. 拉冷拔丝

先把冷拔丝一段固定在山墙边预制件的拉环上，在檩条上按 10~15 厘米间距拉架，另一端用紧绳器拉紧后固定到另一侧山墙预制件的钢筋拉环上。

6. 盖后屋面

先将宽 5 米、略长于温室长度的棚膜铺在铁丝上，再把玉米秆、麦草铺在棚膜上，踩实，使前、中、后厚度符合标准，然后把棚膜翻上来，把麦草包紧。麦草上面覆盖一层干土，踏实，然后抹二次草泥。

五、前屋面施工

1. 固定主拱架

在温室前沿基部对应檩条处按 3.6 米间距埋入主拱架基座，并将主拱架的一头固定在檩条的顶部，另一头固定到基座上的卡槽中，使所有主拱架的高度、角度保持一致，并用混凝土浇筑。

2. 拉冷拔丝

在山墙外侧顶部放好垫木，然后把冷拔丝的一头固定到预制件拉环上，另一头拉过山墙与主拱架，按间距 40 厘米固定在主拱架上，用紧绳

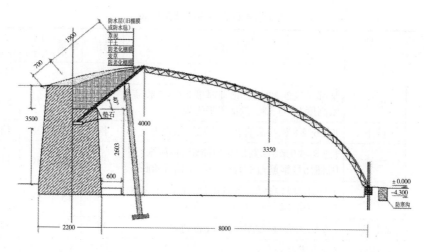

防水层(旧棚膜或防水毡)
草泥
土
防老化棚膜
麦草
防老化棚膜

古浪县二代日光温室结构示意图

器紧好后，固定到温室另一侧的水泥预制件上，并逐个将主拱架和冷拔丝用 16 号铁丝固定好。

3. 固定副拱架

副拱架按 60 厘米间距，将一根竹竿的大头插入土中约 30 厘米，另一根竹竿的大头放在对应位置屋脊的冷拔丝上，然后将两根竹竿小头对接固定在冷拔丝上，主拱架上也要拼上副拱架。

4. 覆膜

选晴天上午，把准备好的棚膜拉开，上到前屋面上，两端分别卷入 6 米长竹竿，待整个棚膜拉紧拉展后，上端留宽 50~70 厘米的通风口，两侧分别用铁丝固定在山墙外的预制件上，棚膜下端埋入土中 40 厘米，并压实踏平。

5. 拉压膜线

扣棚后在棚膜上拉压膜线，每隔 1.8 米拉一道防风压膜线，压膜线固定在大棚前后冷拔丝上，紧贴棚膜，并拴好。

六、修建水池

在温室外的一侧 1 米以外处，开挖直径 6 米、深 4 米的水池。将底部夯实后用混凝土浇筑 30 厘米厚池底，然后用模板浇筑厚 20 厘米池壁，待

60 米长日光温室建造概算表

项目 内容		规　格	单位	数量	单价 （元）	金额 （元）
合计						41934
日光温室建设	墙体	基部厚度2~2.2米，顶部厚度1.2~1.5米，后墙高度3.3~3.5米，包括粗平土地	米	76	75	5700
	檩条	长2.6~2.8米，小头直径大于12厘米以上	根	33	38	1254
	立柱	长3.8~3.9米，横断面为12厘米×12厘米，内用4根6号钢筋或8号冷拔丝，混凝土400号	根	33	36	1188
	主拱架	上铉用2根12毫米，下铉用1根16毫米，斜拉杆用50根14毫米，35千克/个左右	个	15	206	3090
	副拱架	长5米，大头直径2.5厘米以上的竹竿	根	230	3	690
	冷拔丝	8号冷拔丝	千克	312	6.6	2059
	棚膜	幅宽9米，EVA或PVC	千克	60	18	1080
	旧棚膜	幅宽6米，EVA或PVC	千克	50	10	500
	压膜线	32支	千克	10	12	120
	水泥预埋件	长5米，高60厘米，上宽40厘米，下宽60厘米	个	2	56	112
	立柱基墩	0.3米×0.2米×0.2米	个	33	5	165
	钢屋架基座	下底直径30厘米、上底直径25厘米的圆柱状	个	15	9	135
	扎丝	16号、12号铁丝	千克	30	6.7	200
	麦草	蒲草帘	个	21	75	1575
	风口膜	幅宽2米，EVA或PVC	个	1	200	200
	屋檐木条	木板	米	60	6	360
	低压线路					1000
	泡地水		方	160	0.6	96
	防虫网	幅宽2米	米²	70	3	210
	人工	按照每米计算	米	60	65	3900
	其他					500
	小计					24134
附属设施建设	缓冲间	砖木结构，长2米、宽2米、高2.5米	间	1	2000	2000
	氧化池	长5米，宽1.5米，深2米	个	1	2000	2000
	自动卷帘机		套	1	13800	13800
	小计					17800

备注：不包括蓄水塘坝、渠路林等基础设施建设。

充分凝结后，在表面抹 1.0 厘米厚细浆。池口用水泥预制件覆盖，留 30 厘米×30 厘米取水口。

七、修建缓冲间

在温室山墙上挖一个高 1.6 米，宽 0.8 米的门洞，装上门框。外修一个长 4 米、宽 3 米的缓冲间，缓冲间的门应朝南，避免直对温室门洞，防止寒风直接吹入温室内。

八、上草帘

9 月下旬，把草帘搬上后屋面，按"阶梯"或"品"字形排列，风大的地区采用"阶梯"式，两层草帘之间错茬覆盖，东西两边要盖到山墙上 50 厘米。草帘拉绳的上端应固定在后墙的冷拔丝上，晚上放草帘应将后屋面的一半盖住，下部一直落到地面防寒沟的顶部。剩余草帘作为立帘备用。

古浪县全钢架日光温室建造技术

一、场地选择

选择地形开阔，东、南、西三面无高大树木、建筑物或山坡遮荫；地下水位低、土壤疏松肥沃，无污染；避开风口风道、冰雹线、泄洪道等；水、电便利，道路通畅；周围无烟尘及有害气体污染源。

二、规划放线

场地确定后，按渠、路、林、棚相配套的原则，做好整体规划，棚体按正南偏西 5°~10°，前后两座棚间距不得少于 18 米。

三、浇筑基墩

第一个基坑距侧墙 0.45 米，之后每隔 1.8 米开挖 20 厘米×20 厘米×40 厘米基坑，放入长 120 厘米的 U 型 10 毫米钢筋，用混凝土浇筑。注意混凝土基墩必须在一个水平面，且基墩露出地面不得超过 2.0 厘米。

四、安装骨架

将地梁连接好后固定在基墩上，前后龙骨连接在一起，并用螺丝固定，前后龙骨下端分别固定在地梁的梯形铁槽中，并把卡扣锁紧，拉筋管与龙骨用连接件固定。后龙骨上横向拉八道 8 号冷拔丝，第一道拉筋管以下拉四道，间距 20 厘米，第一、二道拉筋管之间拉两道，间距 40 厘米，第三、四道拉筋管之间拉两道，间距 20 厘米。在龙骨与地梁连接处，拉筋管连接处，用彩板钉固定。

五、安装后坡

将草砖与后龙骨用铁丝连接固定，要求草砖上端与后龙骨上端齐平，草砖之间重叠30厘米。草砖安装好后，外面用保温毯包紧，并用铁丝将保温毯、草砖、后龙骨连接固定。然后在外面包一层棚膜，棚膜上下端都要将草砖包裹严实，棚膜上面每距90厘米用一道压膜绳压紧实。最后在棚体后面堆底宽2.5米、高2.0米土堆。

六、覆膜

选晴天上午，把准备好的棚膜拉开，上沿穿一根尼龙绳，待整个棚膜拉紧拉展后，上端留宽80~100厘米的通风口，两侧分别固定在山墙外的地下，棚膜下端埋入土中40厘米，并压实踏平。

七、拉压膜线

扣棚后在棚膜上拉压膜线，每隔1.8米拉一道压膜线，紧贴棚膜，并拉紧。

八、修氧化池

在温室内距侧墙50厘米处，开挖长5.3米、宽2.3米、深1.8米的池胚。将底部夯实后用混凝土浇筑30厘米厚池底，然后用模板浇筑厚15厘米池壁，待充分凝结后，在表面抹1.0厘米厚细浆，水池中间砌一道隔墙（下部留通水洞）增加强度。

九、修缓冲间

在温室山墙上用刀具挖一个高1.6米，宽0.8米的门洞。外修一个长4米、宽3米的缓冲间，缓冲间的门应朝南，防止寒风直接吹入温室内。

十、挖防寒沟

在温室前沿距地梁40厘米处，挖宽40厘米、深80厘米的防寒沟，沟中填入麦草、炉渣、干燥的牲畜粪便等保温材料，顶部用塑料包裹严实后再覆土踏实。要求顶部北高南低，以免雨雪水流入沟内。

十一、修建灌溉设施

以下两种方式任选其一：

灌溉沟：在室内距后面地梁 60 厘米处，开挖宽 20 厘米、深 15 厘米的水渠，然后用混凝土浇筑成宽 10 厘米、深 10 厘米、东西落差 15 厘米的灌溉沟，表面用细浆抹光，并在对应定植沟的位置预留出水口。

安装滴灌：按照滴灌设施安装技术规程进行安装。

十二、上保温被

按照自动卷帘机安装技术规程进行安装。

古浪县"土墙+钢架"日光温室建造技术

一、场地选择

选择地形开阔,东、西、南三面无高大树木、建筑物或山坡遮荫;地下水位低、土壤疏松肥沃,无污染;避开风口风道、冰雹线、泄洪道等;水、电便利,道路通畅;周围无烟尘及有害气体污染源。

二、墙体建设

场地确定后,按渠、路、林相配套的原则,做好整体规划,按正南偏西 5°~10°规划放线,两棚前后间距不得少于 18 米。墙体建造采用机械挖土,人工筑墙,墙体底部宽 2.5 米,顶部宽 1.2 米,地下挖深 0.9 米,上部

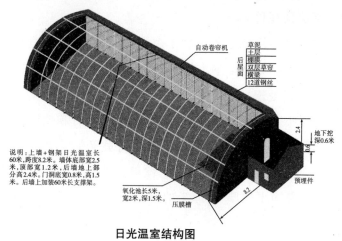

说明:土墙+钢架日光温室长60米,跨度8.2米。墙体底部宽2.5米,顶部宽1.2米。后墙地上部分高2.4米。门洞底宽0.8米,高1.5米。后墙上加装60米长支撑架。

自动卷帘机
草泥
土层
棚膜
双层草帘
横梁
12道钢丝
后屋面

地下挖深0.6米
2.4
1.4
氧化池长5米,宽2米,深1.5米
压膜槽
8.2
预埋件

日光温室结构图

0.3 米作为活土层进行回填，回填后棚体后墙内部高 3 米，削墙后棚体内侧墙体与地面确保垂直。

三、浇筑基墩

第一个基坑距侧墙 0.45 米，之后间隔 1.8 米开挖 20 厘米×20 厘米×40 厘米基坑，放入长 120 厘米的 6# 钢筋，用 C20 混凝土浇筑，混凝土基墩必须在一个水平面，且基墩露出地面不得超过 2.0 厘米，钢筋在基墩上露出 20 厘米左右，共预制安装 58 个。

四、骨架安装

采用热浸镀锌高频焊管，钢骨架间距 0.9 米，内置拉筋管 8 根，地梁 2 根，棉被固定横杆 1 根，卷帘机挡杆 21 根，建筑中将地梁连接好后固定在基墩上，前后龙骨连接在一起，并用螺丝固定，前后龙骨下端分别固定在地梁的梯形铁槽中，并把卡扣锁紧，拉筋管与龙骨用连接件固定。后龙骨上横向拉八道 8# 冷拔丝，第一道拉筋管以下拉四道，间距 20 厘米，第一、二道拉筋管之间拉两道，间距 40 厘米，第三、四道拉筋管之间拉两道，间距 20 厘米。在龙骨与地梁连接处，拉筋管连接处，用彩板钉固定。

五、门洞

位于前屋面处，宽 0.9 米，高 1.2 米，在钢骨架上安装压膜槽，安装门洞。

六、修建预埋件

在温室两侧靠后墙处各预制 1 个上宽 40 厘米，下宽 50 米，深 50 厘米，长 1 米的混凝土预埋件，内置 12# 钢筋并在上平面安装 4 个钢环。

七、后屋面处理

将钢梁一头安装到后墙，另一头安装在后龙骨和拉筋管节点处；在后屋面拉 12 道 12# 钢绞线，钢绞线两头分别固定在预埋件上；在钢绞线上覆盖宽 3 米的 EVA 棚膜；在棚膜上覆盖宽 2.2 米，长 9 米，厚 4 厘米的双层草帘；在草帘上覆厚 10 厘米的湿土；在湿土上抹厚 6 厘米的草泥。

八、前屋面处理

选晴天上午，把准备好的宽幅 8 米的 EVA 棚膜拉开，上沿穿一根尼龙绳，待整个棚膜拉紧拉展后，上端留宽 100 厘米的通风口，用宽 1.5 米的 EVA 膜覆盖，两侧分别固定在山墙龙骨上的压膜槽内，棚膜下端埋入土中 40 厘米，并压实踏平。之后在棚膜上每隔 1.8 米拉一道粗度 0.8 厘米的压膜线，紧贴棚膜。

九、安装自动卷帘机

自动卷帘机长 52 米，每平方米棉被重 1.6 千克以上，产品需通过质量技术监督局鉴定。

十、修建氧化池

在温室内距侧墙 50 厘米处，开挖长 5.3 米、宽 2.3 米、深 1.8 米的池胚。将底部夯实后用 C20 混凝土浇筑 30 厘米厚池底，然后用模板浇筑厚 15 厘米池壁，待充分凝结后，在表面抹 1.0 厘米厚细浆并用密封胶处理，水池中间砌一道隔墙（下部留通水洞）增加强度。

十一、修建防寒沟

在温室前沿距地梁 40 厘米处，挖宽 40 厘米、深 80 厘米的防寒沟，沟中填入麦草、炉渣、干燥的牲畜粪便等保温材料，顶部用塑料包裹严实后再覆土踏实。要求顶部北高南低，以免雨雪水流入沟内。

十二、修建灌溉沟

在室内距后面地梁 60 厘米处，开挖宽 20 厘米、深 15 厘米的渠胚，然后用混凝土浇筑成宽 10 厘米、深 10 厘米、东西落差 15 厘米的灌溉沟，表面用细浆抹光，并在对应定植沟的位置预留出水口。

日光温室盐碱地土壤改良技术

古浪县沿沙漠区土壤沙化、有机质含量低、土壤盐碱量高、养分贫瘠、保水保肥性差，必须进行合理的土壤改良与培肥，为"高产、优质、安全、节本、环保"温室生产创造良好的土壤环境。

一、增施有机肥，提高土壤有机质含量

新建的日光温室需要增施有机肥，提升土壤有机质含量，促进土壤团粒结构形成，提高保水保肥能力和增加土壤缓冲能力。在建棚后结合深耕，亩施充分腐熟的农家肥 6000 千克以上，或生物菌肥 300 千克以上。农家肥品种最好选用充分腐熟的秸秆堆肥、猪粪、牛粪，尽量少施羊粪，严禁施入生粪，有条件的地方可直接翻压豆科绿肥（如野生豆科植物、草木犀、紫花苜蓿等），翻压深度 40 厘米左右，然后浇足水，暴晒。这样既可提高土壤有机质含量，又可加快土壤熟化，培肥地力。

二、压沙改良，增加土壤通透性

盐碱化程度较重的土壤，亩施 30~40 米³的黄沙，掺入土壤耕层，使土壤形成良好的团粒结构，增加土壤通透性。

三、使用酸性肥料，调节土壤酸碱度

盐碱含量大的温室蔬菜施肥中，一般选择氮磷钾三元复合肥、磷酸二铵、尿素、过磷酸钙、硫酸钾等；积极选用蔬菜专用复合肥、有机无机复混肥；推荐使用氨基酸、腐殖酸类冲施肥、生物有机无机复混肥或微生物辅助性肥料，如根瘤菌肥、酵素菌、EM 生态肥、固氮菌肥、磷细菌肥、硅酸盐细菌肥、复合微生物肥等；提倡使用添加硝化抑制剂的缓/控施肥料；忌用含氯肥料（如氯化铵）和硝态氮肥（如硝铵）。

四、应用碱性土壤改良剂，进行化学改良

以石膏或磷石膏为主的土壤改良剂，应用到碱性土壤，改良效果明显。通常每亩用石膏 30~40 千克作为基肥施入改良。碱性过高时，可加少量硫酸亚铁、腐殖酸肥等，施硫酸亚铁见效快，但作用时间不长，需经常施用。利用作物秸秆混合石膏等，把化学改良和物理改良结合起来的方法，能从根本上改善土壤酸碱度和板结，效果显著。

五、施肥方法

一般底肥应施到整个耕层之内，即 20~30 厘米的深度。有机肥、氮肥、钾肥、微肥，可以混合后均匀地撒在地表，随即耕翻入土，做到肥料与全耕层土壤均匀混合，以利于作物不同根系层对养分的吸收利用。磷肥由于移动性差，且施入土壤后易被固定而失去有效性，所以在作为底肥施用时应分上下两层施用，即下层施至 15~20 厘米的深度，上层施至 5 厘米左右的深度。上层主要满足作物苗期对磷的需求，下层供应作物生长中、后期的磷素营养。

日光温室辣椒标准化栽培技术

一、品种选择

选择耐低温、弱光、优质、抗病、丰产的华美 105、37-94、陇椒 3 号、陇椒 5 号等品种。

二、茬口安排

优化型二代日光温室辣椒生产以越冬一大茬、早春茬为主。越冬一大茬 7 月上中旬育苗，8 月中旬定植，11 月上旬始收，次年 6 月下旬拉秧；早春茬 11 月中旬育苗，次年 1 月上旬定植，3 月下旬始收，6 月下旬拉秧。

全钢架日光温室以两小茬为主，秋冬茬 5 月上旬育苗，6 月中旬定植，9 月上旬始收，11 月下旬拉秧；早春茬 12 月中旬育苗，次年 2 月上旬定植，4 月下旬始收，6 月上旬拉秧。

三、育苗

选用育苗中心培育的穴盘基质种苗。壮苗标准为：苗龄 40 天左右，株高 10~15 厘米，5~6 片真叶，叶色浓绿，叶片厚，根系发达，无病虫害。

四、定植前准备

1. 整地施肥

每座日光温室施优质腐熟农家肥 5000~6000 千克，磷酸二铵 20~25

千克，硫酸钾 15 千克。均匀撒施，浅耕使肥料和土壤混匀。

2. 温室消毒

起垄前 7~10 天，每棚用 75% 的百菌清烟剂 400 克加 20% 异丙威烟剂 200 克密闭熏蒸 24 小时；土壤杀虫灭菌用 50% 多菌灵可湿性粉剂 2 千克加阿维毒死蜱乳油 1000 毫升喷雾，耙入土壤。

3. 起垄

垄宽 80 厘米，沟宽 40 厘米，垄高 15 厘米。垄起好后在垄两边起 2~3 厘米高的小塄，然后在垄面上铺 3 厘米厚黄沙，再铺设滴灌带等，待定植。

五、定植

选择晴好天气，于上午 9 时到下午 3 时定植。采用单株三角形定植，每垄两行，株距 35 厘米，行距 50 厘米，每座日光温室保苗 1600 株。

六、田间管理

1. 温湿度管理

缓苗期，白天 28℃~30℃，夜间 18℃~20℃，空气相对湿度 80% 左右；开花坐果期，白天 25℃~30℃，夜间 15℃ 以上，空气相对湿度 60% 左右。

2. 肥水管理

定植时浇定苗水，定植后 3~5 天浇缓苗水。当门椒长到 3 厘米左右，开始浇水，夏秋季 5~7 天、冬春季 10~15 天浇一次水，每次 10 米³ 左右，结合浇水，隔水追肥，用速溶性好的肥料或滴灌专用冲施肥，每次 8~10 千克。

3. 植株调整

采用双秆或三秆整枝，门椒坐果后，及时清除门椒以下发生的腋芽，摘除老叶、病叶、黄叶并及时吊秧。

4. 病虫害防治

辣椒病害主要有白粉病、灰霉病、疫病等，虫害主要有蚜虫、白粉虱、蓟马、红蜘蛛等。白粉病用 40% 福星乳油 8000 倍、10% 世高水分散粒剂 1500 倍液喷雾；灰霉病用 50% 速克灵可湿性粉剂 1500 倍液、40% 施佳乐悬浮剂 800 倍液喷雾；疫病用 68%金雷水分散粒剂 1000 倍液、75%霜脲氰粉剂 1000 倍液灌根或喷雾；蚜虫、白粉虱用 10%吡虫啉可湿性粉剂 1000 倍液喷雾；蓟马用 1.8%多杀霉素可湿性粉剂1500 倍液喷雾；红蜘蛛用 24%螨危悬浮剂 4000 倍液喷雾防治。

七、采收

门椒、对椒要适当早采收，以后原则上果实要充分长大，果实变硬后采收。

日光温室番茄标准化栽培技术

一、品种选择

选用耐低温、弱光、抗病、优质、丰产的中、晚熟品种。红色品种：华美103、宝莱、齐达利等；粉色品种：粉惠美、美迪、金棚系列等。

二、茬口安排

优化型二代日光温室番茄生产以越冬一大茬、早春茬为主。越冬一大茬7月上中旬育苗，8月中旬定植，11月下旬始收，次年6月下旬拉秧；早春茬（适合粉色品种）11月中旬育苗，次年1月上旬定植，3月下旬始收，6月下旬拉秧。

全钢架日光温室以两小茬为主，秋冬茬5月上旬育苗，6月中旬定植，9月下旬始收，11月下旬拉秧；早春茬12月中旬育苗，次年1月下旬定植，5月上旬始收，6月上旬拉秧。

三、育苗

选用育苗中心培育的穴盘基质种苗。壮苗标准为：苗龄40天左右，株高10~15厘米，6~8片真叶，叶色浓绿，叶片厚，根系发达，无病虫害。

四、定植前准备

1. 整地施肥

每座日光温室施优质腐熟的农家肥5000~6000千克或生物菌肥300

千克以上，磷酸二铵 20 千克，硫酸钾 15 千克，均匀撒施浅耕，使肥料与土壤充分混匀，5~7 天后起垄。

2. 温室消毒

起垄前 7~10 天，每棚用 75% 的百菌清烟剂 400 克加 20% 异丙威烟剂 200 克密闭熏蒸 24 小时；土壤灭菌用 50% 多菌灵可湿性粉剂 2 千克加阿维毒死蜱乳油 1000 毫升喷雾，耙入土壤。

3. 起垄

垄宽 80 厘米，沟宽 40 厘米，垄高 15 厘米。起垄后在垄两边起 2~3 厘米高的小垎，然后在垄面上铺 3 厘米厚的黄沙，再铺设滴灌带等待定植。

五、定植

选择晴好天气，于上午 9 时到下午 3 时定植。采用单株三角形定植，每垄两行，株距 45 厘米，行距 50 厘米，每座日光温室保苗 1200 株。

六、田间管理

1. 温湿度管理

缓苗期，白天温度 25℃~28℃，夜间 15℃~20℃，空气相对湿度 80% 左右。全钢架日光温室秋冬茬定植后用遮阳网遮阴降温，待缓苗后逐渐拉开遮阳网；开花结果期，白天 22℃~25℃，夜间 10℃~15℃，空气相对湿度 60% 左右，超过 27℃放风，低于 20℃闭风，低于 15℃盖草帘保温。

2. 肥水管理

定植时浇定苗水，定植后 3~5 天浇缓苗水，第一穗果实膨大时开始浇水，夏秋季 5~7 天浇一次水、冬春季 10~15 天浇一次水，每次灌水 10 米³左右，结合浇水进行追肥，采用隔水追肥法，追肥用速溶性好的肥料或滴灌专用冲施肥，每次 8~10 千克。

3. 植株调整

采用单杆整枝法，及时抹除侧枝，摘除老叶、黄叶、病叶。株高 30~40 厘米时吊蔓。

4. 保花疏果

用番茄灵喷花，并在其中加入50%速克灵可湿性粉剂1500倍液防治灰霉病，大果型品种每穗留果3~4个，中小果型每穗留果4~6个。

5. 病虫害防治

番茄病害主要有灰霉病、早疫病、晚疫病、叶霉病等，虫害主要有斑潜蝇、蚜虫、白粉虱等。灰霉病用2.5%适乐时可湿性粉剂1000倍液、40%施佳乐悬浮剂800倍液喷雾；早疫病用70%安泰生可湿性粉剂1000倍液、10%世高水分散粒剂1500倍液喷雾；晚疫病用68%金雷水分散粒剂1000倍液、75%霜脲氰粉剂1000倍液喷雾；叶霉病用20%克菌丹1500倍液、10%世高水分散粒剂1500倍液喷雾；蚜虫、白粉虱用10%吡虫啉可湿性粉剂1000倍液喷雾或20%异丙威烟剂400克密闭熏蒸；斑潜蝇用75%灭蝇胺可湿性粉剂1500倍液喷雾防治。

七、采收

番茄采收应根据用途及销售地的远近而定，果实发育达绿熟果程度时，即可后熟转色，为远距离采收的适期；作为就地供应的，最适采收期是成熟期，即果实大部分均已转色，品质较佳时。

日光温室茄子标准化栽培技术

一、品种选择

适宜古浪县日光温室种植的长茄品种有：中华长茄、紫阳长茄、黑珊瑚等。

二、茬口安排

优化型二代日光温室茄子生产以越冬一大茬、早春茬为主。越冬一大茬 7 月上中旬育苗，8 月中旬定植，11 月下旬始收，次年 6 月下旬拉秧；早春茬 11 月中旬育苗，次年 1 月上旬定植，4 月下旬始收，6 月下旬拉秧。

全钢架日光温室以两小茬为主，秋冬茬 5 月上旬育苗，6 月中旬定植，9 月下旬始收，11 月下旬拉秧；早春茬 12 月中旬育苗，次年 1 月下旬定植，5 月上旬始收，6 月上旬拉秧。

三、育苗

选用育苗中心培育的穴盘基质苗木。壮苗标准为：苗龄 45 天左右，株高 10~15 厘米，5~6 片真叶，叶色浓绿，叶片厚，根系发达，无病虫害。

四、定植前准备

1. 整地施肥

亩施腐熟优质农家肥 5000~6000 千克，磷二铵 20~25 千克，硫酸钾

20~30 千克。均匀撒施，浅耕使肥料和土壤混匀。

2. 温室消毒

起垄前 7~10 天，每棚用 75% 的百菌清烟剂 400 克加 20% 异丙威烟剂 200 克密闭熏蒸 24 小时；土壤灭菌用 50% 多菌灵可湿性粉剂 2 千克加阿维毒死蜱乳油 1000 毫升喷雾，耙入土壤。

3. 起垄

垄宽 80 厘米，沟宽 40 厘米，垄高 15 厘米。垄起好后在垄两边起 2~3 厘米高的小楞，然后在垄面上铺 3 厘米厚黄沙，再铺设滴灌带等，待定植。

五、定植

选择晴好天气，于上午 9 时到下午 3 时定植。采用单株三角形定植，每垄两行，株距 45 厘米，行距 50 厘米，每座日光温室保苗 1200 株。

六、田间管理

1. 温度管理

缓苗期白天 30℃，夜间不低于 15℃。缓苗后白天 25℃~30℃，夜间 15℃左右。开花坐果期，白天温度 25℃~28℃，夜间 15℃~18℃。冬季要加强防寒保温，白天 20℃~30℃，夜间 13℃~15℃，最低不得低于 10℃。晴天上午温室温度达到 30℃时，开始通风，下午室温降到 20℃以下时，关闭风口。

2. 肥水管理

浇足定植水后，坐果前一般不浇水，当 50% 左右门茄坐果后，开始追肥浇水。夏秋季 5~7 天、冬春季 10~15 天浇一次水，每次 10 米^3 左右，结合浇水隔水追肥，用速溶性好的肥料或滴灌专用冲施肥，每次 8~10 千克。

3. 植株调整

采用双干整枝法，在对茄形成后，剪去两个向外的侧枝，形成两个向上的双干，以后所有侧枝要打掉，每花序只留一果，及时摘除老病叶。

4. 保花保果

门茄膨大期正是开花坐对茄时期，为防止因夜温偏低造成落花落果，可用 1 毫升番茄灵兑水 1 千克蘸花，在药水里加红色颜料作标记，涂抹在花柄上端，但注意不要沾到茎叶生长点上，最佳时期是花苞刚刚开放时。

5. 病虫害防治

茄子病害主要有绵疫病、灰霉病等，虫害主要有蚜虫、白粉虱、斑潜蝇、红蜘蛛等。绵疫病用 45%百菌清烟雾剂，每棚250 克，分放 5~6 处，傍晚点燃闭棚过夜，7 天熏一次，连熏 3~4 次，也可用 72.2%普力克水剂 800 倍液喷雾，药后短时间闷棚升温抑菌；灰霉病在果实坐住后撕去花瓣，用45%百菌清烟雾剂，每棚 250 克，分放 5~6 处，傍晚点燃闭棚过夜，7 天熏一次，连熏 3~4 次，也可用 65%甲霉灵可湿性粉剂 800 倍液喷雾，5~7 天喷一次，视病情连喷 2~3 次；蚜虫、白粉虱用 10%吡虫啉可湿性粉剂 1000 倍液喷雾；斑潜蝇用 75%灭蝇胺可湿性粉剂 1500 倍液喷雾；红蜘蛛用 24%螨危悬浮剂 4000 倍液喷雾防治。

七、采收

门茄采收宜早不宜迟，判断茄子果实是否适于采收，可以看茄子萼片与果实相连接的地方，如有一条明显的白色或淡绿色的环状带，则表明果实正在快速生长，组织柔嫩，不宜采收；如果环状带已趋于不明显或消失，则表明果实已停止生长，及时采收。

日光温室人参果标准化栽培技术

一、品种选择

适宜古浪县日光温室栽培的人参果品种有长丽、大紫、阿斯卡等。

二、茬口安排

日光温室人参果生产以越冬一大茬：5 月中旬育苗，6 月下旬定植，11 月中旬始收，次年 6 月中旬拉秧。

三、育苗

优先选用育苗中心培育的脱毒苗，也可自己繁育。选择无病虫害，生长势强的枝条作母枝，母枝长 12~15 厘米，带 1~2 片叶，扦插时入土 6~7 厘米，株行距 6 厘米×10 厘米。扦插后浇透水，必要时浇生根壮苗剂，10~15 天可生根，苗龄 35 天左右。

四、定植前准备

1. 整地施肥

亩施腐熟优质农肥 6000 千克或生物菌肥 300 千克，磷酸二铵 20~25 千克，硫酸钾 15~20 千克，均匀撒施，经过浅耕使肥料和土壤混匀。

2. 温室消毒

起垄前 7~10 天，每棚用 75%的百菌清烟剂 400 克加20%异丙威烟剂 200 克密闭熏蒸 24 小时；土壤灭菌用 50%多菌灵可湿性粉剂 2 千克加阿维毒死蜱乳油 1000 毫升掺细沙 25 千克拌匀，耙入土壤。

3. 起垄

垄宽 80 厘米、沟宽 40 厘米、垄高 15 厘米。垄起好后在垄两边起 4~5 厘米高的小塄，然后在垄面上铺 3 厘米厚黄沙，再铺设滴灌带等待定植。

五、定植

选择晴好天气，于上午 9 时到下午 3 时定植。采用单株三角形定植，株距 25 厘米，行距 50 厘米，每座日光温室保苗 2300 株。定植时采用药水稳苗法（用移栽灵或生根壮苗剂配成的药液），定植后用草帘遮荫 3~5 天后以幼苗不蔫为前提，逐步揭掉草帘。

六、田间管理

1. 温湿度管理

缓苗期，白天 25℃~27℃，夜间 10℃以上，湿度 80% 左右；开花坐果期，白天 22℃~25℃，夜间 10℃以上，湿度 60% 左右。

2. 肥水管理

定植时浇定苗水，定植后 3~5 天浇缓苗水，此后当第一穗果核桃大小时开始浇水追肥。夏秋季 5~7 天、冬春季 10~15 天浇一水，每次灌水 10米^3，结合浇水采用隔水追肥法，追肥采用速溶性好的肥料或滴灌专用冲施肥，每次 8~10 千克。

3. 植株调整

采用单杆整枝法，腋芽抽出 1~2 厘米时及时抹芽，株高 30~40 厘米时吊蔓，第 3~4 穗果采收后可落蔓。

4. 保花疏果

每穗花序开花前用液态钾 1500 倍液喷雾一次，开花期间用 1% 防落素水剂 1000 倍液喷花 1 次。待果实坐稳后选留果型整齐的大果，疏除小果、畸形果、病果，第一穗留果 1~2 个，第二穗以上留果 3~4 个。

5. 病虫害防治

人参果常见病害有病毒病、疫病、灰霉病，虫害主要有蚜虫、白粉

虱、斑潜蝇和红蜘蛛等。病毒病用 N-83 增抗剂 800 倍液、20%病毒 A600
倍液喷雾；疫病用 68%金雷水分散粒剂 1000 倍液、75%霜脲氰粉剂 1000
倍液喷雾；灰霉病用 50%速克灵可湿性粉剂 800 倍液、40%施佳乐悬浮剂
800 倍液喷雾；蚜虫、白粉虱用 25%阿克泰水分散粒剂灌根，也可用 10%
吡虫啉可湿性粉剂 1000 倍液喷雾；斑潜蝇用 75%灭蝇胺可湿性粉剂 1500
倍液喷雾；红蜘蛛用 24%螨危悬浮剂 4000 倍液、73%炔螨特乳油 1000 倍
液喷雾防治。

七、适时采收

当人参果果面呈现出明显的紫色条纹，果皮、果肉变成淡黄色时，即
为采收适期。

日光温室红提葡萄延后栽培技术

日光温室红提葡萄生产是武威市和古浪县发展设施农业、增加农民收入的一项主要举措，为了使日光温室葡萄快生长、早结果、早收益，必须做好各个环节的管理工作。

一、葡萄苗选择与定植

1. 品种及苗木选择

近几年，生产中所用的葡萄苗全是甘肃农业大学常永义教授培育的红提葡萄嫁接苗。苗木粗度一般要求在0.5厘米以上、枝条成熟度好、根系发达、有3~5个饱满芽。

2. 葡萄苗存放

葡萄苗根系极易失水，管理不好容易在阳光下曝晒而干死。因此，在苗木拉运过程中我们必须用塑料袋包裹，并用棉被或麻袋保湿。贮放在冷凉背阴处或窖中，用潮沙（不能过湿或过干）将苗木根系及根系以上苗茎20厘米处全部埋住，温度控制在1℃~5℃。

3. 开沟、施肥、回填

栽植前按1.8米行距南北向开挖栽植沟，沟深80厘米、沟宽80厘米，开沟时将表土与底土分开放置，沟内首先填入10厘米麦草，接着填入10厘米表土，再把腐熟农家肥、表土和黄沙各1/3混匀后填入，熟土不够时用行间表土填入，不可将死土回填到沟内，填到距地面25厘米后，每棚撒施过磷酸钙100千克，填平定植沟，最后用底土打埂加垄，灌水沉实后将地整平。

4. 定植

4月中旬，当室内地温稳定在12℃以上时即可定植。株距0.8米，行距1.8米，每棚保苗220株左右。定植前为保证苗木根系充分伸展，必须将苗木根系剪留10~15厘米。定植时首先距立柱30厘米处开挖浅穴，将穴底整理成"馒头"形，按株距将苗木根系均匀摆放在"馒头"形土堆上，苗子弯头的方向朝南，然后填入表土踏实，苗栽深度以根颈部分离地面10~12厘米为宜，栽后立即灌水；如果定植沟过湿，只在苗穴上浇少量水，然后待地面发白时覆地膜。为确保苗子成活，定植后用塑料袋套住苗子。从定植到芽子膨大，约需15天左右，待黄色嫩叶出现时于下午5~6时取袋。

二、1年生葡萄的管理

1. 地上部分管理

（1）抹芽、定梢：葡萄定植发芽后，当新梢长到3厘米左右时开始抹芽，先留两个新梢生长，待新梢长到20厘米时去弱留强，只留1个生长较强的新梢做主蔓，其余的全部抹除。

（2）扶蔓或吊蔓：目前，日光温室红提葡萄生产上推广的是一种单蔓整枝的方法，这种方法较过去的双蔓整枝法易学习、好操作。当主蔓生长到50~60厘米高并开始下垂时，用一根1米多长的树枝或竹竿插在葡萄根部，再用细绳将主蔓绑扶在树枝或竹竿上，或者用细绳将主蔓吊起，让其直立生长，这是促进葡萄快速生长、快速成型的一项重要措施。

（3）搭架：当葡萄苗生长高度超过70厘米时，距地面70~80厘米处用一根8号铁丝搭第一架，并将主蔓与铁丝交接处固定在葡萄架上。随着主蔓的快速生长，第一架之下的各节都会长出新梢（偏头），只留一小叶掐头，并抠去小芽，同时摘除卷须，目的是为了节约养分，促进葡萄架上部快速生长。

（4）绑蔓：当主蔓生长高度达到 1.3~1.5 米时，对顶端嫩梢摘心（掐头），并将主蔓水平绑在第一架上。这是促进主蔓生长成熟、花芽形成的重要措施。如果管理好的话，主蔓生长粗度达到 0.8 厘米以上即一个小拇指粗时，下年就可开花结果。

（5）摘心：主蔓水平绑在第一架上之后，将其长度控制并达到与两边葡萄相连处即可，此时所有节间均会长出新梢（叫第一副梢），这些新梢必须全部留下，等到新梢长到 5 叶时反复摘心，一直摘到 12 月底。摘心后长出的第二副梢（偏头）只留一小叶掐头。

2. 地下部分管理

（1）肥水管理：葡萄定植后全年需灌水 4~5 次，结合浇水追肥 2~3 次，即 8 月中旬前每棚追肥 2 次，每次追施尿素 5 千克，以促进树体生长。追肥方法是在距葡萄树根部 35~40 厘米处开深 4~5 厘米的小沟，均匀将化肥撒在沟内；8 月下旬后再追肥一次，每棚追施尿素 5 千克、磷酸二铵 5 千克。9 月底以后棚内不再灌水，一直到 12 月下旬至第二年 1 月上旬葡萄落叶之后结合施农家肥灌足冬水。施肥方法是在距葡萄树 40 厘米处开挖宽 30 厘米、深 60 厘米的施肥沟，每棚施入充分腐熟农家肥 3000 千克和过磷酸钙 100 千克。

灌足冬水后，由于棚内湿度较大、温度低，非常利于葡萄的安全越冬。如果不灌冬水或灌水过少，就会因冻旱造成葡萄树抽干死亡。所以灌水之后尽快用草帘盖住大棚，等到第二年春季（4 月底至 5 月初）葡萄发芽时，再逐渐揭去草帘，促进葡萄树生长。

（2）土壤管理：每次灌水、施肥后，待土壤表面发干变白时，结合锄草，用耙子或铁锨对全棚土壤进行松土，其主要作用：一是增加土壤通气透水能力；二是节水抗旱；三是能促进葡萄快速生长。

3. 温度控制

温度是制约葡萄生长的主要因素，在整个葡萄树生长的过程中，要控制好棚内温度。温度过低，生长速度变慢；温度过高，加上光照不足，就会造成徒长。春季随着室外温度的升高，棚内温度也会逐渐升高。因此，当葡萄苗展叶后转入正常生长阶段，白天应将棚内温度控制在25℃~28℃，高于30℃时就要打开上、下风口降温。进入秋季之后，棚内温度也会随外界温度下降而下降。当夜间棚内温度降到10℃左右时，要及时扣棚。如果夜间温度低于10℃且超过20天以上，葡萄树就会停止生长、叶片变黄，准备越冬。因此，只有将棚内夜间温度控制在10℃以上时，才能够延长葡萄树生长期，直至长到12月下旬。

4. 病害防治

危害棚内葡萄生长、结果的主要病害有白粉病、霜霉病和灰霉病。高温干旱容易发生白粉病，低温高湿容易发生霜霉病和灰霉病。白粉病主要在夏秋季发生，而霜霉病和灰霉病主要在秋季发生。所以，要在做好预防工作的前提下，有针对性地进行人工和化学防治。

（1）人工防治：主要是在葡萄生长期间首先要除净棚内杂草，消除病源；其次，一旦发现个别植株的少量叶片发生病害，立即将病叶摘除并带出温室深埋或烧毁；第三，在葡萄树落叶之后，将残枝、烂叶清理干净并带出棚外进行深埋或烧毁。

（2）化学防治：7~8月份在葡萄快速生长期间，棚内温度高、易干旱，容易发生白粉病，此时用波尔多液（50千克石灰水+50千克硫酸铜水溶液，按1:1勾兑后）10天喷一次，连喷两次即可预防该病发生；8月底扣膜之后，棚内温度逐渐下降，湿度也会增大，特别是套种了蔬菜的大棚内很容易发生霜霉病和灰霉病，此时用多菌灵或多菌灵锰锌水溶液每7~10天喷一次，连喷2~3次即可预防或控制。待葡萄树落叶、修剪之后，用5波美度的石硫合剂仔细在枝杆上喷1次或者用毛笔刷1次，第二年春季开花前7~10天再喷1次石硫合剂，可有效杀死越冬病菌和螨类。

5. 修剪

葡萄树落叶之后，要及时进行修剪。当主蔓粗度达到0.8厘米（即人的小拇指粗）以上时，该葡萄树下年就可结果。因此，在修剪时，要根据树体长势情况而修剪，也就是"因树修剪，随枝做形"。一是对主蔓生长弱且高度没有达到第一架的应留3~5个饱满芽修剪。二是对主蔓生长较好、上了第一架但粗度在 0.7 厘米以下的，应在第一架拐弯处修剪。三是对主蔓生长较强、粗度达到 0.8 厘米以上的葡萄树，应根据主蔓上副梢生长粗度和成熟度而修剪，副梢粗度达到 0.8 厘米以上的，应留 5 节修剪，其余副梢全部疏除；如果副梢粗度都小于 0.7 厘米，应将其全部疏除，只留主蔓第二年结果。

三、2 年生葡萄的管理

葡萄树一般第二年就会开花结果，管理好的可产葡萄 750 千克左右，管理不好的少结果或不结果。

1. 地上部分管理

（1）摘心：在葡萄栽培中，浇水、施肥是开源，而摘心是节流。2 年生葡萄树萌芽后会长出三种类型的新梢，一种是结果蔓，第二种是生长旺盛而不结葡萄的蔓，第三种是弱小蔓。所以，我们要对这三种枝蔓都要进行摘心，但摘心的方法却各不相同。

一是对结果蔓，应在果穗以上留 5 叶摘心（第 5 叶大小达到正常叶的 1/3），待顶芽长出二次副梢后，每 3 叶摘心一次，连续摘心 4 次即进入 10 月份，到了 11 月份以后就不用摘心了。果穗以上 1~4 节长出的偏头只留 1 小叶，并将小叶处芽子抠去，这叫"单叶绝后"，留 1 小叶的目的是秋季大叶老化后继续制造营养（棚内葡萄一般要生长 5~6 个月，叶片制造营养的天数为 130 天），供果穗生长；果穗以下生长出的偏头全部摘除，不留小叶。

二是对生长健壮但不结果的枝蔓，应在距枝条基部即第二节（叶）以上留 5 叶摘心（因为葡萄一般结在 3~5 节上），待顶芽萌发后继续留 3 叶反复摘心；枝条基部以上 2~4 节长出的偏头只留 1 小叶，然后抠去芽子。

三是对生长弱小的枝蔓，首先留 3 叶摘心，然后留 2 叶摘心，而后留 1 叶摘心二次。这叫"3-2-1-1"摘心法。

（2）搭架、吊枝：完成摘心工作后，尽快在第一架之上搭好第二和第三架，以备吊枝之用。第二、第三两架都用两根铁丝，两铁丝间距为 80 厘米，架与架之间相距均为 60~70 厘米。完成搭架之后，准备好布条或细绳，待摘心后的枝蔓长出二次副梢后，及时将这些新梢按"V"型绑吊在第二架上，对超过二架的新梢以同样的方法绑吊在第三架上。用"V"型绑枝后形成的葡萄架，结构合理，通风透光，非常有利于葡萄树的生长和结果。

（3）疏花、整理果穗：结果蔓生长到10厘米左右时就能看到花序（果穗），一个结果蔓只留1个花序，其余全部疏除。果穗长出之后，一般会出现大、中、小三种果穗。为了提高坐果率、果粒品质和果穗的商品性，必须对果穗进行整理。整穗前首先摘除所有卷须，以节省营养。这次工作做好了，就会大大减轻后期整理果穗的劳动强度和时间。具体整理方法：一是对大果穗，首先剪去穗尖的1/4，然后剪去两个大侧穗，留16~18个小穗即可；二是对中果穗，先剪去穗尖，然后剪去两个大侧穗的1/2；三是对小果穗，只剪去穗尖。

（4）提高坐果率：提高葡萄坐果率的措施除了在葡萄开花前和开花后（20~25天），葡萄粒长到黄豆大小时各浇1次水，增加空气湿度外，还可用赤霉素或美国产的奇宝液蘸果穗。奇宝的用法是先用1克奇宝兑水15~20千克后装在大口的塑料瓶中，在下午7时以后将果穗在奇宝液中浸蘸1秒，只蘸一次，绝对不能来第二次，否则会增粗果柄，影响果粒膨大。

（5）果穗套袋：为了提高果穗的商品性，当葡萄粒长到1.2~1.5厘米（即大拇指甲）大时，对果穗进行套袋。套袋前，首先要疏去过密、内生、横生、畸形、过小、上下交叉的果粒，留下向外平生的果粒。套袋一般在7月上中旬进行。如果葡萄粒大小不一时，可用奇宝液浸蘸一次，浸蘸时间是下午7时之后。

2. 地下部分管理

（1）肥水管理：2年生葡萄全年需灌水5~6次，分别在萌芽前、开花前、葡萄粒长到0.5厘米大时、套袋前、扣膜前（即9月初）进行。结合浇水追肥2~3次，即8月中旬前每棚追肥2次，每次追施尿素5千克；8月下旬到9月下旬，再追肥一次，这次每棚追施尿素5千克、磷酸二铵5千克。9月底以后棚内不再灌水，一直到12月下旬到第二年1月上旬葡萄落叶之后结合施农家肥灌足冬水。施肥方法是在距葡萄树40厘米处开挖宽30厘米、深60厘米的半圆施肥沟，每棚施入充分腐熟农家肥3000千克和过磷酸钙100千克。

灌足冬水后，由于棚内湿度大、温度低，非常利于葡萄树的安全越冬。不灌冬水或冬水灌得过少，都会造成葡萄树因冻旱而抽干死亡，所以灌水之后尽快用草帘盖住大棚，等到第二年春季4月底至5月初葡萄发芽时，再逐渐揭去草帘。

(2) 土壤管理：每次灌水、施肥后，待土壤表面发干变白时，结合锄草，用耙子或铁锹对全棚土壤进行松土，其主要作用：一是增加土壤通气透水能力；二是节水抗旱；三是能促进葡萄快速生长。

3. 温度控制

温度是制约葡萄生长的主要因素，在整个葡萄树生长的过程中，要控制好棚内温度，既不能过高，也不能过低。春季随着室外温度的升高，棚内温度也会逐渐升高。因此，当葡萄苗展叶后转入正常生长阶段，白天应将棚内温度控制在25℃~30℃，高于30℃时就要打开上、下风口降温。如果温度过高，加上光照不足，就会造成徒长。进入秋季之后外界温度就会逐渐下降，此时棚内温度也会随之下降。因此，当棚内夜间温度下降到10℃左右时，要及时扣棚。如果夜间温度低于10℃且超过15天以上，葡萄树就会停止生长、准备越冬。因此，只有将棚内夜间温度控制在10℃以上时，葡萄树才会持续生长到12月下旬。具体各阶段控制温度的指标是：自然萌芽时开始调控升温，催芽期温度第一周白天10℃~15℃，夜间5℃~8℃；第二周白天15℃~20℃，夜间8℃~10℃；第三周白天20℃~25℃，夜间10℃；第四周白天25℃~28℃，夜间12℃~15℃。展叶后白天28℃左右，夜间15℃~18℃。新梢生长期白天25℃~28℃，夜间15℃左右。采果后保持正常管理10~15天，叶片完全黄化后降温、修剪、施肥、灌越冬水进入休眠，休眠期棚内温度控制在-2℃~2℃。

4. 病害防治

危害棚内葡萄生长、结果的主要病害有白粉病、霜霉病和灰霉病。高温干旱容易发生白粉病，低温高湿容易发生霜霉病和灰霉病。白粉病主要在夏秋季节发生，而霜霉病和灰霉病主要在秋季发生。所以，要在做好预防工作的前提下，有针对性地进行人工和化学防治。

（1）人工防治：主要是在葡萄生长期间首先要除净棚内杂草，消除病源；其次，一旦发现个别植株的叶片发生病害，就应当立即将病叶摘除并带出温室深埋或烧毁；第三，在葡萄树落叶之后，将残枝烂叶清理干净并带出棚进行深埋或烧毁。

（2）化学防治：7~8月份在葡萄快速生长期间，棚内温度高、易干旱，此时容易发生白粉病（主蔓上有黑点就是白粉病的病状），果穗套袋以前可用波尔多液或秦唑酮1500~2000倍液喷防，10天喷一次，连喷2~3次即可；7月初套袋之后可用石硫合剂或多硫悬浮剂；8月底扣膜之后，棚内容易发生霜霉病和灰霉病，此时，用多硫悬浮剂、多菌灵或多菌灵锰锌液7~10天喷一次，连喷2~3次即可预防或控制。待葡萄树落叶、修剪之后，用石硫合剂喷防1次，第二年春季开花前再喷1次石硫合剂，可有效杀死越冬病菌和螨类。

5. 修剪

葡萄树落叶之后和盖草帘之前，要及时进行修剪。为了使葡萄树的营养生长和生殖生长达到平衡，主蔓上结果蔓和预备蔓的比例尽可能地要控制到1:1。修剪时要根据枝蔓粗度、节间长度和冬芽的饱满度确定修剪长度，结果蔓留4~5节修剪，预备蔓留1~2节修剪。

日光温室沙葱栽培技术

沙葱是沙漠地区常见的一种野生稀有植物。其叶片鲜嫩多汁，营养丰富、风味独特，无论凉拌、炒食、做馅、调味、腌制均为不可多得的美味，属纯天然绿色保健食品。沙葱又称蒙古葱，百合科葱属。属多年生草本植物。茎叶针状，紫色小花，其叶、茎、花苞均具辛辣味，较其他生葱、韭菜味更浓。性属温，是野生蔬菜类人们喜食的一种天然食品。

沙葱在沙漠中降雨时生长迅速，干旱缺雨时生长停止，耐旱、抗逆性极强。利用日光温室进行反季节驯化栽培，省时省工。管理简单易行，病虫害少，产量高，能采收 4~5 茬，收入可观。

一、选择适宜土壤及整地准备

沙葱人工驯化种植，最适宜土壤为土质深厚的沙性土壤。壤土也可种植，但需在表层拌入细沙，每棚需 50 米³ 细沙拌在表层，以浇水后不裂口为宜。如为黏土地，则需拌沙改良土壤，要将温室中原有土壤下挖 50 厘米，清出温室，再铺上 50 厘米厚的沙层。沙土要选用流动沙丘南面表层 10~20 厘米厚度范围内的沙土，白刺周围向阳表层的沙土为好。

二、施足有机肥和基肥，奠定丰产基础

要在温室内施入充分腐熟的优质农家肥 2000 千克，深翻施入耕作层，30 厘米以内的沙土和有机肥要翻匀。结合深翻整地，施入磷酸二铵 25 千

克、硫酸钾复合肥 15 千克。

三、浇足安种水，做小畦

种植地块经过整地和施肥，要浇一次安种水，要浇足浇透。地面干后耙耱整平后，按南北向做 3 米宽小畦。

四、播种

播种时间依种植季节而定，春季在 3 月下旬播种。夏季可在 5~6 月露地播种。秋季在 9 月份温室扣棚后播种。夏季播种时要加遮阳网，以防烫苗。播种可采用种子直播法。播前浇足水。待土壤墒情适宜，沙土用手捏指缝间无滴水现象，松开后湿润时即可播种。播种深度 1~2 厘米，行距 25 厘米。用小锄头开沟播种。下种量每棚为 2.5 千克。每行 20 克，均匀撒播在小沟内，用脚轻踏一遍，然后盖 1 厘米厚的细沙，以利出苗，随后浇一次水。以后地面表皮发白即可浇水。播后 15~20 天即可出苗。在顶土出苗期间，需保持土壤湿润松软，以利出苗。

五、田间管理

中耕松土：沙葱出苗后，要及时清除沙葱行间的杂草，并进行中耕松土，以促进根系发达生长。

施肥：沙葱虽然耐瘠薄，但人工驯化栽培沙葱旺盛生长时期养分需求量大，结合浇水要施入一定量的化肥。当沙葱长出 3 片叶时，追施化肥，每次施硝酸铵 15 千克、复合肥 10 千克。

浇水：夏季 10~15 天浇一次水，冬季 15~20 天浇一次水。浇水以沙土全部渗透为度。冬季水量不易过大，否则会引起根层积水，造成沙葱沤根死亡。

温度管理：沙葱出苗后要及时放风，白天室内温度保持在 26℃~28℃。沙葱萌发前及每次收割后，为加速沙葱萌发生长，室温可提高到 30℃左右。收割前室温应降低，促使叶片生长，当室温达到 25℃时，要及时放风，应先放顶风，逐渐加大放风口，严禁冷风直接吹向沙葱。

分期培沙：沙葱每收割 2~3 茬后，撒上一层 2~5 厘米厚的细沙，以增加土壤通透性，促进根系生长和植株分蘖。每次培沙厚度以不埋没沙葱叶分杈为宜。

休眠：沙葱生产在 4 月底揭膜，可进行露地生长，到秋季停止采收后，等进行一段降温阶段，沙葱完成休眠后（也就是土壤冻层达到 8~10 厘米时），清扫室内枯黄干叶，施入优质农家肥 50 米³、磷酸二铵 15 千克，浇足水后，于 11 月下旬开始进行扣棚管理，进入冬季阶段。

合理采收：沙葱出苗后第一茬 30 天左右即可收割。以后进入旺盛生长期后，15~20 天即可采收一次。采收时，使用锋利的小刀或剪子，从地面以上 1 厘米处收割。采收同时进行整理，去除黄叶、杂草、黄尖，整好、扎把或用塑料袋包装后，必须在两天之内出售上市。采收后及时灌水施肥，注意通风，进入下一茬生产。

种子采收：选择果实外皮黄色变干、花梗干枯的果实采收。采收后要充分晾晒，干透后进行筛选，去掉果皮和秕瘦种子，然后装入布袋进行低温保存。

日光温室西葫芦标准化栽培技术

一、品种选择

适宜古浪县日光温室栽培的西葫芦品种有：冬玉、改良纤手、法拉利等。

二、茬口安排

秋冬茬 8 月中旬育苗，9 月中旬定植，10 月中旬开始采收，次年 1 月下旬拉秧；早春茬 12 月下旬育苗，次年元月下旬定植，3 月上旬采收，6 月底拉秧。

三、育苗

选用育苗中心培育的穴盘基质苗木。壮苗标准为：苗龄 30 天左右，株高 10~15 厘米，3~4 片真叶，叶色浓绿，叶片厚，根系发达，无病虫害。

四、定植前准备

1. 整地施肥

亩施腐熟优质农家肥 6000 千克左右，磷酸二铵 20~25 千克，硫酸钾 15~20 千克。均匀撒施，浅耕使肥料和土壤混匀。

2. 温室消毒

起垄前 7~10 天，每棚用 75%的百菌清烟剂 400 克加20%异丙威烟剂

200 克密闭熏蒸 24 小时；土壤杀虫灭菌用 50%多菌灵可湿性粉剂 2 千克加阿维毒死蜱乳油 1000 毫升掺细沙 25 千克拌匀，耙入土壤。

3. 起垄

垄宽 80 厘米，沟宽 60 厘米，垄高 15 厘米。垄起好后在垄两边起 2~3 厘米高的小埂，然后在垄面上铺 3 厘米厚黄沙，再铺设滴灌带等待定植。

五、定植

选择晴好天气，于上午 9 时到下午 3 时定植。采用单株三角形定植，每垄两行，株距 50 厘米，行距 60 厘米，每棚保苗 1000 株。

六、田间管理

1. 温湿度管理

缓苗期一般不放风，白天保持 25℃~30℃，夜间保持 15℃~18℃；缓苗后白天 20℃~25℃，夜间 15℃。当白天温度达到 25℃时进行放风，下午当温度降低到 22℃时关闭风口。每次浇水后要关闭风口，升温，达到 25℃时放风降温排湿。当外界最低气温稳定在 10℃以上时，除白天加大放风量外，夜间要留放风口，以降低棚内湿度。

2. 肥水管理

定植后浇一次缓苗水，水量不宜过大。当根瓜长到 10 厘米长时开始浇催瓜水，然后晴天可 5~7 天浇一次水，连阴天要控制浇水。结合浇水可隔一水追一次肥，每次每棚追磷酸二铵 10~15 千克。

3. 植株调整

及时打杈，摘掉畸形瓜、卷须及老叶；根瓜早摘以免赘秧；需吊蔓和及时落蔓。

4. 保花保果

为防止化瓜，可在上午 8~10 时雌花开放时进行人工授粉，也可用防落素，用毛笔涂抹花柱茎部与花瓣基部之间，药水中加入0.1%的 40%速克灵可湿性粉剂防灰霉病。

5. 病虫害防治

西葫芦病害主要有白粉病、灰霉病、霜霉病、病毒病等，虫害主要有蚜虫、红蜘蛛等。白粉病发病初期用 10%世高水分散颗粒剂 1000 倍液，或 1%多抗霉素 1000 倍液喷雾，7 天喷一次，连喷 2~3 次；灰霉病用 40%施佳乐悬浮剂 1200 倍液，或 72.2%普力克水剂 800 倍液喷雾防治，7 天喷一次，连喷 2~3 次，注意轮换用药；霜霉病发病初期，用 52.2%杜邦抑快净 1800 倍液或 72%杜邦克露 700 倍液喷雾，7 天喷一次，连喷 2~4 次；病毒病发病初期，用 20%病毒 A 可湿性粉剂 500 倍液，或用 0.5%抗毒剂 1 号水剂 250~300 倍液喷雾，7 天喷一次，连喷 2~3 次；蚜虫用 10%吡虫啉可湿性粉剂每亩 20~40 克，或 25%阿克泰水分散粒剂 5000~10000 倍液喷雾；红蜘蛛用 1.8%阿维菌素乳油 3000 倍液，或 15%哒螨灵乳油 1500 倍液或 20%扫螨净粉 2000 倍液喷雾防治。

七、采收

为避免化瓜和防治早衰，根瓜早收，中期瓜适时采收，以促进植株生长，后期结瓜可适当晚收。

日光温室小乳瓜标准化栽培技术

一、品种选择

宜选择低温弱光、抗病、优质、高产、商品性好的碧玉2号、夏美伦等品种。

二、育苗

选用育苗中心培育的穴盘基质种苗。壮苗标准为：日历苗龄夏季13~15天，冬季20~25天，株高8~15厘米，茎粗0.5厘米以上、2片真叶时定植为宜。

三、定植前准备

1. 整地施肥

棚施优质农家肥10 000千克，磷二铵30千克，硫酸钾20千克。农家肥以撒施为主，深翻25~30厘米。化肥2/3用于撒施，1/3用于沟施。结合整地，每棚施入辛硫磷0.5千克。

2. 棚内消毒

起垄前7~10天，每棚用75%的百菌清烟剂400克加20%异丙威烟剂200克密闭熏蒸24小时；土壤灭菌用50%多菌灵可湿性粉剂2千克加阿维毒死蜱乳油1000毫升掺细沙25千克拌匀，耙入土壤。

3. 起垄

垄宽 80 厘米，沟宽 60 厘米，垄高 15 厘米。垄起好后在垄两边起 2~3 厘米高的小塄，然后在垄面上铺 3 厘米厚黄沙，再铺设滴灌带等待定植。

四、定植

选择晴好天气，于上午 9 时到下午 3 时定植。采用单株三角形定植，每垄两行，株距 30 厘米，行距 50 厘米，每棚保苗 1800 株。

五、定植后的管理

1. 温度管理

定植至缓苗，白天 25℃~30℃，夜间 15℃~20℃；缓苗后，白天 25℃左右，超过 30℃时放风，排湿降温，降至 20℃时关闭风口。前半夜 15℃以上，后半夜 10℃~13℃，早晨揭帘前 8℃~10℃；结果期，白天 25℃~30℃，前半夜 15℃~20℃，后半夜 13℃~15℃。夏季栽培当外界气温稳定在 14℃时进行整夜通风。

2. 水肥管理

定植后 2~3 天灌水一次，结果前期 15 天左右灌一次水，中、后期随外界气温升高，放风量加大，一般 10 天左右灌水一次。开花结果后开始追肥，肥料以磷二铵、尿素、硫酸钾为主。结果期一水一肥，每次每棚追施尿素 8~10 千克，硫酸钾 10 千克，原则上不浇白水。

3. 植株调整

采用单蔓整枝，乳瓜长至 7~8 片叶进行吊蔓，龙头接近吊蔓线时进行落蔓；及时摘除老叶、黄叶、病叶、卷须等。及时抹去多余的瓜，每个叶片留 1 瓜。

六、病虫害防治

小乳瓜病害主要有猝倒病、霜霉病、灰霉病、白粉病等，虫害主要有蚜虫、白粉虱等。猝倒病发病前用 68% 金雷水分散粒剂、68.75% 银法利（氟比菌胺·霜霉威）悬浮剂喷洒苗基部及土表，连续 2~3 次，还可兼防同期发生的立枯病；霜霉病发病前用 25% 阿米西达悬浮剂喷雾，发病后选用 68% 金雷水散粒剂、72.2% 普力克水剂喷雾防治，阴雨天或灌水后，可用百菌清粉尘剂或烟剂喷粉或熏烟；灰霉病发病初期用 45% 百菌清或腐霉利烟剂熏蒸；喷雾可用 75% 达科宁可湿性粉剂，每隔 7~10 天用药一次，连续防治 2~3 次；白粉病用 25% 金力士乳油、10% 世高水分散粒剂喷雾，7~14 天喷一次；蚜虫用 10% 吡虫啉可湿性粉剂喷雾；斑潜蝇用 1.8% 甲胺基阿维菌素苯甲酸盐乳油或 75% 灭蝇胺可湿性粉剂喷雾；白粉虱用 25% 阿克泰水散粒剂灌根，也可用 25% 阿克泰水散粒剂 1500 倍液、10% 吡虫啉可湿性粉剂 1000 倍液等进行喷雾防治。

七、适时采收

根瓜及时采收后，每天采收一次。采收一般在早晨无露水时进行，以保证瓜条含水量大，品质鲜嫩。

日光温室韭菜标准化栽培技术

一、品种选择

选用耐寒、抗病、优质、丰产、商品性好的宽叶韭菜品种，如791雪韭、平韭6号、平韭8号、久星10号、久星11号等。

二、育苗

1. 种子处理

将种子用30℃~40℃温水浸种8~12小时，清除杂质和秕籽，洗净种子表皮的黏液后用纱布包好，放在15℃~20℃的环境中催芽，每天用清水冲洗1~2次，经3~5天，待50%以上种子露白时即可播种。

2. 苗床准备

选用2年以上未种过葱蒜类作物的日光温室进行育苗，采用平畦，每两间做一小畦，每棚需苗床20米²，播种量500克。

3. 播种

苗床做好后，浇足底水，水渗下后均匀撒播种子，然后覆细沙0.5~1厘米，用地膜覆盖保墒。60%的种子顶土后，及时揭去地膜，以防烧苗。

4. 苗期管理

揭去地膜后，要保持土壤湿润，每隔7~10天浇一次水，结合浇水追施尿素2~3次，每次0.5千克，苗高15厘米后控制灌水，一般苗龄100

天左右。

三、整地施肥

每座棚施腐熟农家肥 6000 千克，磷二铵 20 千克，用 5% 辛硫磷颗粒剂 2 千克，加干细土 10~15 千克，均匀撒施后，深翻耙平，3.6 米做一小畦。

四、定植

起苗后，剪掉须根（留 2~3 厘米）和叶尖（留叶长 10 厘米）。按行距 60 厘米，株距 1 厘米，深度以不埋住分蘖节为宜。每座日光温室保苗 6.5 万株。

五、田间管理

1. 温湿度管理

缓苗期，白天 20℃~24℃，夜间 12℃~14℃，湿度 70% 左右；生长期，白天 16℃~20℃，夜间 8℃~12℃，湿度 60% 左右，超过 24℃ 要降温。

2. 肥水管理

定植后浇定苗水，缓苗后浇缓苗水，一般 10~15 天浇一次水，每收割一茬追施尿素 10~15 千克，并加强中耕、除草。

3. 病虫害防治

（1）物理防治：将糖、酒、醋、水、90% 敌百虫晶体按 3:3:1:10:0.5 比例制作溶液，每棚放 3 盆，随时添加，保持不干，诱杀各种蝇类害虫。

（2）化学防治：韭蛆成虫盛发期，顺畦撒施 2.5% 敌百虫晶体，每棚撒施 2.5 千克或用 1.1% 苦参碱粉剂 2~4 千克，兑水 1000~2000 千克灌根；潜叶蝇用 75% 灭蝇胺 1000 倍液喷雾；蓟马用 1.8% 多杀霉素 1500 倍液喷雾。灰霉病用 10% 腐霉利烟剂 300 克熏棚，或用 50% 速克灵可湿性粉剂 1000 倍液喷雾；疫病用 68% 甲霜灵可湿性粉剂 1500 倍液或 72% 霜脲锰锌可湿性粉剂 1000 倍液；锈病用 25% 敌力脱乳油 3000 倍液。

六、适时收割

定植当年注重"促根壮秧"，12 月份开始收割，每 25~30 天收割一次，4~5 次后停止收割，开始养根。韭菜清晨收割最好，割到鳞茎上 3~4 厘米黄色叶鞘处为宜，以 7 叶 1 心为割韭的标准。

日光温室西瓜标准化栽培技术

一、品种选择

1. 接穗品种

选择美丽、京欣系列主栽品种，也可选择宝冠、夏福、新金兰等。

美丽：中早熟品种，雌花开放到成熟 33 天，果实圆形，皮色浓绿覆盖墨绿色清晰条带，外观美丽，瓜瓤大红，质地脆沙，汁多纤维细，含糖量 12%，品质佳，皮坚韧不裂果，不易空心，单果 1.5~2 千克，坐果整齐，抗病性强，适应性广。

京欣一号：杂交一代品种，植株生长势较弱，主蔓 8~10 片叶出现第一朵雌花，果实圆形，底色绿，上有 16~17 条明显深绿条纹，肉色桃红，肉质脆沙多汁，果皮厚约 1 厘米，单瓜平均 1.5~2 千克，含糖量 11%~12%，果皮薄，易裂果，不耐运输。

2. 砧木品种

选择青研或瓠瓜。

二、茬口安排

早春茬 12 月中下旬育苗，苗龄 35~40 天，2 月上旬定植，定植到采收 90~100 天，从开花到成熟 50~60 天，5 月初上市。

三、育苗

1. 采用穴盘基质育苗并用插接法进行嫁接

每棚西瓜接穗用种量100克，砧木用种量瓠瓜250克，砧木比接穗早播5天左右。

2. 壮苗标准

株高15~20厘米，茎粗0.8厘米，4~5片真叶，叶色浓绿，无病虫害。

四、定植前的准备

1. 整地施肥

每棚施充分腐熟的优质农家肥5000千克、生物菌肥300千克、磷酸二铵25千克、硫酸钾10千克。

2. 棚室消毒

起垄前7~10天，每棚用75%的百菌清可湿性粉剂1千克加80%敌敌畏乳油100毫升与锯末混匀后密闭熏蒸24小时；土壤杀虫灭菌在整地前用50%多菌灵可湿性粉剂2千克和阿维毒死蜱1000毫升与细沙拌匀后撒施，耙入土壤。

五、定植

选择晴好天气，于上午9时到下午3时定植。采用单株三角形定植，垄宽80厘米，沟宽40厘米，垄高20厘米，每垄两行，株距50厘米，行距50厘米，每棚保苗1200株。

六、田间管理

1. 温湿度管理

缓苗期，白天27℃~32℃，夜间15℃~20℃，湿度80%~90%；开花坐果期，白天25℃~30℃，夜间14℃~16℃，湿度50%~80%；结果期，白天25℃~30℃，夜间15℃~20℃，湿度50%~60%。

2. 光照管理

采用透光性好的醋酸乙烯EVA膜，保持膜面清洁，尽量增加光照强度和时间。

3. 肥水管理

采用膜下暗灌或滴灌。定植时浇稳苗水，3~5天后浇缓苗水。坐瓜后结合浇水每棚追施尿素10千克、硫酸钾15千克；10~15天后随水追施尿素8千克、硫酸钾15千克。

4. 植株调整

瓜蔓长至30~50厘米时，用尼龙绳或塑料绳将主蔓吊起。采用双蔓整枝，即保留一主一侧。

5. 人工授粉

选留主蔓上第二或第三雌花坐瓜。上午9~10时，摘取当日开放的雄花，剥去花瓣，露出雄蕊，将花粉涂抹在雌花柱头上。一朵雄花可涂抹3~4朵雌花，也可用番茄灵药液蘸花。授粉后挂牌标明坐瓜日期。

6. 吊瓜

当幼瓜长至1千克左右时用网袋将瓜吊起，以防坠秧。在结瓜部位上部留8~10片叶摘心，以利养分向果实运输。

七、病虫害防治

日光温室西瓜病害主要有立枯病、枯萎病、白粉病、蔓枯病和疫病，虫害主要有斑潜蝇、白粉虱和蚜虫。猝倒病用68.75%银法利悬浮剂或杀毒矾可湿性粉剂1000倍液在瓜苗茎基部及土表喷雾；立枯病、枯萎病和蔓枯病用10%世高水分散粒剂1500倍液或2.5%适乐时1000倍液喷雾；白粉病用40%福星乳油8000倍液喷雾；疫病用68%金雷水分散粒剂1000倍液喷雾。斑潜蝇、白粉虱和蚜虫，一般均采用黄色粘虫板诱杀，斑潜蝇也可用潜克或斑潜净1000倍液喷雾；白粉虱和蚜虫用苦参碱1500倍液喷雾防治。

八、采收

5月上旬，待西瓜底色绿，有16~17条明显深绿条纹时及时采收，以确保果实品质。采收时间以早、晚为宜，操作应轻拿轻放。采收后放置在阴凉场所，分级包装进行出售。

日光温室甜瓜标准化栽培技术

一、品种选择

选用耐低温、弱光、抗性强的品种。主要有绿宝、银帝、金红宝、台龙二号等。

银帝：中熟品种，全生育期 90~95 天，坐果至成熟 40 天。短椭圆形，白皮浅绿色肉，品质优，含糖量 16%~17%，极丰产，抗病性和贮运性较好。

金红宝：早熟品种，全生育期 80~85 天，坐果至成熟 35 天。长椭圆形，黄皮橘红色肉，品质优，含糖量 16%~18%，极丰产，抗病性较好。

二、茬口安排

早春茬：12 月下旬育苗，苗龄 30~35 天，全生育期 90 天左右，2 月上旬定植，5 月初采收。

三、育苗

采用穴盘基质育苗，每棚用种 80 克。壮苗标准：苗龄 25~30 天，株高 10~15 厘米，茎粗 0.5 厘米，2~3 片真叶，叶色浓绿，无病虫害。

四、定植前的准备

1. 整地施肥

每棚施优质腐熟农家肥 5000 千克、磷酸二铵 25 千克、硫酸钾 20

千克。

2. 棚室消毒

起垄前 7~10 天，每棚用 75% 的百菌清可湿性粉剂 1 千克加 80% 敌敌畏乳油 100 毫升与锯末混匀后密闭熏蒸 24 小时；土壤灭菌在整地前用 50% 多菌灵可湿性粉剂 2 千克和阿维毒死蜱 1000 毫升与细沙拌匀后撒施，耙入土壤。

五、定植

选择晴好天气，于上午 9 时到下午 3 时定植。采用单株三角形定植，垄宽 80 厘米、沟宽 40 厘米、垄高 20 厘米。每垄两行，株距 50 厘米，行距 50 厘米，每棚保苗 1200 株。定植后，浇足定植水，待水下渗后，用 500 倍敌克松药土封穴。

六、定植后的管理

1. 温度管理

定植后白天温度 25℃~28℃，夜间不低于 15℃；缓苗后白天 25℃~30℃，夜间 12℃~15℃；开花坐果期白天 26℃~28℃，夜间 15℃以上，保持正常的开花授粉。

2. 光照管理

甜瓜生长需较强的光照强度，应注意保持棚膜洁净，提高透光率。

3. 肥水管理

缓苗后至开花前一般不浇水，开花坐果后，结合浇水分 3 次每棚每次追施尿素 5 千克，硫酸钾 10 千克，每隔 10~15 天浇水 1 次，全生育期共浇水 4~5 次。

4. 植株管理

瓜苗长到 5~6 片叶时吊蔓。主蔓 10 片叶以下抽生子蔓全部抹掉，主蔓 11~14 节抽生子蔓为留瓜节位，及时摘除留瓜节位以上的子蔓，待子蔓雌花开放时，在花前留 1 叶打顶，同时进行主蔓摘心。

5. 授粉和留瓜

一般在早上 10 时左右花冠展开后，将雄花花粉均匀地涂抹在雌花的柱头上，一朵雄花授一朵雌花，也可用番茄灵药液蘸花。坐果后，瓜长到鸡蛋大小时，选留一个果形正、无畸形的幼果，其余及时疏去，以免浪费养分。

6. 吊瓜

一般在果实长到 0.25 千克左右时，用尼龙绳吊住果柄。

七、病虫害防治

日光温室甜瓜病害主要有白粉病、枯萎病、蔓枯病和疫病，虫害主要有斑潜蝇、白粉虱和蚜虫。白粉病用 40%福星乳油 8000 倍液喷雾；枯萎病和蔓枯病用 10%世高水分散粒剂 1500 倍液或 2.5%适乐时 1000 倍液喷雾；疫病用 68%金雷水分散粒剂 1000 倍液喷雾防治；斑潜蝇、白粉虱和蚜虫，一般均采用黄色粘虫板诱杀，斑潜蝇也可用潜克或斑潜净 1000 倍液喷雾；白粉虱和蚜虫用苦参碱 1500 倍液喷雾防治。

八、采收

甜瓜以果实糖分达到最高点而肉质尚未变软时为采摘适期。采收时，需保留果柄和部分枝蔓形成"T"字形，操作应轻拿轻放。采收后放置在阴凉场所，分级包装进行出售。

"古浪香瓜"钢架日光温室标准化栽培技术

古浪香瓜，又名麻疙瘩甜瓜、香脆瓜。具有香脆、肉厚、含糖量高、营养丰富等特点。古浪香瓜在古浪县种植历史悠久，分布范围广，形成了一批有规模、有效益的优质香瓜基地，涉及古浪县域内西靖镇、黄花滩镇、永丰滩镇、土门镇、大靖镇、裴家营镇等 6 个乡镇 20 个行政村，每年种植面积约 173 公顷，占甘肃省甜瓜种植面积的 30% 以上。古浪县香瓜产区地处东经 103°01′~103°54′，北纬 37°44′~37°75′，该区域种植的香瓜以祁连山冰川融水灌溉，水质清洁无污染，区域内光照充足，土质以沙壤土为主，结构疏松，矿物质含量丰富，有利于香瓜的生长，加之气候干燥、凉爽，病虫害不易传播蔓延，减少了生产环节的污染。自古浪香瓜标准化生产基地建设以来，古浪县严格按照国家绿色食品生产标准进行管理，生产的香瓜达到了国家规定的绿色食品标准。"古浪香瓜"被农业农村部 2018 年第一次全国农产品地理标志登记专家评审，通过了全国农产品地理标志保护评审。

近年来，古浪县在移民搬迁、脱贫攻坚中大力培育支柱产业，积极发展戈壁农业，"古浪香瓜"通过钢架日光温室栽培，采用穴盘基质育苗和垄植沟灌覆膜等标准化栽培技术，秋冬茬保苗 2300 株，每亩产量 1400 千克，每千克平均价格 20 元，产值达到 2.8 万元，早春茬保苗 2200 株，每亩产量 1400 千克，每千克平均价格 16 元，产值达到 2.24 万元，夏延后茬保苗 2300 株，每亩产量 1400 千克，每千克平均价格 16 元，产值达到 2.24 万元，一年三茬种植，每亩产值高达 7.28 万元以上，经济效益十分可观。"古浪香瓜"顺利通过农业农村部农产品地理标志登记保护专家评审，能够达到带动一个产业、造福一方百姓的要求，使"古浪香瓜"成为精准扶贫的重要抓手，拓宽了贫困人口产业发展渠道，开辟了移民搬迁脱贫致富的新路子。现将其栽培技术介绍如下：

一、品种选择

选择耐低温、耐弱光、株型紧凑、结果集中、肉质细腻、香甜爽口、抗病、早熟高产的品种，以全国农产品地理标志"古浪香瓜"为主，搭配种植盛开花等品种。

古浪香瓜：早熟品种。底节位坐瓜果实扁圆型，高节位坐瓜果实高圆形，果面光滑、深绿色、外观美丽，偶尔有深青色暗条纹，果肉色绿，肉厚，肉质细脆多汁，香甜适口，含糖量 16%~18%，耐运输耐贮藏，货架期长。

盛开花：中早熟品种。果实圆筒形，果皮成熟时灰黄色或白绿，果肉黄绿，味甜质脆，含糖量 12%以上。

二、茬口安排

（1）秋冬茬

9 月上中旬育苗，10 月中旬定植，12 月上旬至翌年 1 月前采收，主要供应元旦、春节市场。

（2）早春茬

1 月上旬育苗，2 月下旬定植，4 月下旬采收，主要供应"五一"市场。

（3）夏延后茬

6 月中旬育苗，7 月下旬定植，9 月中下旬采收，主要供应"中秋、国庆"市场。

三、育苗

采用穴盘基质育苗，每棚用种 80 克。壮苗标准：苗龄 30~35 天，株高 10~15 厘米，茎粗 0.5 厘米，4~5 片真叶，叶色浓绿，无病虫害。

（1）种子处理

播种前 5~7 天，选晴天晒种 2~3 天，结合晒种选用籽粒饱满的种子，将种子放入 55℃温水中，边放种边搅拌，待水温降至 30℃再浸 4~6 小时，以杀灭种子表面的病菌。也可用普力克水剂或磷酸三钠浸种 15~20 分钟，可防止苗期病害的发生。将处理过的种子捞出用清水洗净，用湿布包好，置于 25℃~28℃下催芽，当 2/3 的种子露白即可播种。

（2）苗床管理

从播种到出苗，白天温度保持在 30℃左右，夜间不低于 20℃。播后 3 天左右，子叶开始破土，应去掉地膜降温防徒长，白天 25℃，夜间 13℃~15℃，定植前 7~10 天通风炼苗。浇水以早晨为好，保持田间持水量的 60%~70%。

（3）矮化促瓜

在幼苗 2 叶 1 心时，用 60 毫克/千克的乙烯利喷雾，既可起到矮化作用，又能促进雌花形成。

四、定植前的准备

（1）温室建造

全钢架日光温室坐北向南，东西延长，棚脊与地面高度 3.8 米，龙骨间距 0.9 米，后龙骨立柱高度 4.3 米，后屋面仰角 42°，前龙骨与地面夹角 72°，跨度 8.2 米，温室长度以 60 米为宜。

（2）棚室消毒

起垄前 7~10 天，每棚用 75%的百菌清可湿性粉剂 1 千克加 80%敌敌畏乳油 100 毫升与锯末混匀后密闭熏蒸 24 小时；土壤灭菌在整地前用 50%多菌灵可湿性粉剂 2 千克和阿维毒死蜱 1000 毫升与细沙拌匀后撒施，耙入土壤。

(3) 整地施肥

每棚施优质腐熟农家肥 5000 千克、磷酸二铵 25 千克、硫酸钾 20 千克。

五、定植

选择晴好天气，于上午 9 时到下午 3 时定植。采用单株三角形定植，垄宽 80 厘米、沟宽 40 厘米、垄高 20 厘米。定植时，在垄上按株距 35 厘米、行距 60 厘米挖穴，每穴栽 1 株苗，每棚保苗 1600 株。定植后，浇足定植水，待水下渗后，用 500 倍敌克松药土封穴。

六、定植后的管理

(1) 温度管理

定植后白天温度一般控制在 25℃~32℃，夜间 15℃~18℃，昼夜温差控制在 13℃~15℃；缓苗后白天 25℃~30℃，夜间 12℃~15℃；开花坐果期白天 26℃~28℃，夜间 15℃以上，保持正常的开花授粉。

(2) 光照管理

甜瓜生长需较强的光照强度，应注意保持棚膜洁净，提高透光率。

(3) 肥水管理

全生育期共浇水 5~6 次。定植水要浇穴，水量不宜过大，否则易造成幼苗烂根；定植后 5~6 天，轻浇一次缓苗水，促进根系生长，利于缓苗；茎蔓生长期为追肥的第一个时期，结合浇水每棚每次追施尿素 5 千克或硝酸磷肥 10 千克；瓜膨大初期追施 1 次氮磷钾平衡肥（N-P-K 为 15-15-15）、甲壳素冲施肥，2 种肥每亩各施 5 千克；10 天后每亩随水冲施高钾肥（N-P-K 为 16-6-22）8 千克、甲壳素冲施肥 5 千克，7 天后再追施 1 次，2 种肥料每亩各施 5 千克，促进果实的发育和成熟，膨瓜期植株营养生长过旺会影响瓜正常膨大；后期宜进行叶面喷肥，每隔 5 天喷一次 0.1%~0.2%磷酸二氢钾液，连喷 2~3 次；果实进入成熟阶段后，主要进行内部养分的转化，对水肥要求不严。采收前 1 周停止浇水，否则会降低果实的品质，并推迟成熟期。

（4）植株管理

采用双蔓整枝法，即在幼苗期（4~5 片真叶）摘心，使营养物质及时向侧枝转移，促发子蔓。留长势好、部位适宜的 2 条子蔓，抹去子蔓基部 1~6 节位上生出的孙蔓（侧芽），选择子蔓第 7~11 节位上的孙蔓坐瓜，萌芽时抹去无雌花的孙蔓，孙蔓结果后，每根孙蔓留 3~4 片真叶摘心，促果实发育。当果实膨大后，营养生长变弱时，停止摘心。基部老叶易感病，应及早摘除，还可疏去过密蔓叶，以利通风透光。甜瓜一生形成的雌花数较多，一般每株留果 3~5 个，其余花果，应及时疏去。

七、病虫害防治

日光温室甜瓜病害主要有白粉病、枯萎病、蔓枯病和疫病。白粉病用 40%福星乳油 2000 倍液喷雾；枯萎病和蔓枯病用 10%世高水分散粒剂或 2.5%适乐时 100 倍液喷雾；疫病用 68%金雷水分散粒剂 1000 倍液喷雾防治。甜瓜虫害主要有斑潜蝇、白粉虱和蚜虫，一般均采用黄色粘虫板诱杀，斑潜蝇也可用潜克或斑潜净 1000 倍液喷雾；白粉虱和蚜虫用苦参碱 1500 倍液喷雾防治。

八、采收

当雌花开放后 25~30 天，皮色鲜艳，花纹清晰，果面发亮，显现本品种固有色泽和芳香气味；果柄附近瓜面茸毛脱落；果顶近脐部开始发软，用手指弹果面发现洞浊音时即应采收。一般当地销售的瓜可采摘九成熟的，而长途外运的瓜则以采摘八九成熟的为宜。采收时，需保留果柄和部分枝蔓形成"T"字形，操作应轻拿轻放。采收后放置在阴凉场所，分级包装进行出售。

露地娃娃菜标准化栽培技术

一、品种选择

选用抗病、抗逆性强、耐抽薹、结球紧实、早熟、丰产、耐贮运的优良品种，小株型品种有春玉黄、春月黄等，大株型品种有旺青春、介实金杯、太太菜等。

二、轮作倒茬

前茬以葱蒜类、洋芋、小麦茬为好，一般要与十字花科蔬菜实行 2 年以上的轮作。

三、整地施肥

亩施腐熟优质农家肥 5000~6000 千克，磷酸二铵 30~35 千克，钾肥 10 千克，均匀撒施后深翻耙糖。

四、土壤消毒

亩用 50%多菌灵可湿性粉剂 3 千克加敌百毒死蜱 2 千克，拌细土25 千克配成药土，在起垄前均匀撒施，并耙入土壤。

五、起垄播种

垄高 10~15 厘米，垄宽 50 厘米，沟宽 25 厘米，做到垄面平整紧实。第一茬于 4 月中旬，第二茬于 7 月中旬播种。待地温稳定在 10℃以上，即可播种，播前 5~7 天覆膜提温、保墒。每垄两行，株距 20 厘米破膜点播，穴深 1 厘米，每穴点播种子 3~4 粒，亩用种量 100 克，播后覆土轻轻压实，亩保苗 8000 株。

六、田间管理

1. 间苗定苗

2~3 片真叶时间苗，每穴留苗 2~3 株，4~5 片真叶时定苗，每穴选留无病虫害、健壮苗 1 株。

2. 水肥管理

定苗后以促为主，及时灌水追肥，灌水时做到沟内不积水，垄面不见水，作物不缺水。苗期结合灌水亩追施尿素 8~10 千克；莲座期每亩穴施三元复合肥 15~20 千克；包心期每亩追施硫酸钾 10 千克，同时也可在生长期间叶面喷施 0.1%磷酸二氢钾 2~3 次。

七、病虫害防治

病害主要有软腐病和干烧心等，可用 72%农用链霉素 1500 倍液+10%葡萄糖酸钙 750 倍液喷雾防治，每隔 7~10 天喷 1 次，连喷 2~3 次；虫害主要有蚜虫、菜青虫、小菜蛾等。蚜虫可用 10%吡虫啉可湿性粉剂 1500 倍液或 10%艾美乐水分散粒剂 1500 倍液喷雾防治；菜青虫、小菜蛾可选用绿菜宝 1500 倍液或 1.8%阿维菌素 3000 倍液加 4.5%高效氯氰菊酯乳油 3000 倍液喷雾防治。

八、适期采收

当娃娃菜长到株高 25~30 厘米，结球紧实后，便可采收。

露地蒜苗标准化栽培技术

一、品种选择

选择优质、丰产、抗逆性强、适应性广、休眠期短、萌发早的品种，如张掖白蒜等。

二、轮作倒茬

前茬以大麦、小麦、油菜茬为宜，避免与百合科蔬菜连作。

三、整地施肥

亩施优质农家肥 5000~6000 千克、磷酸二铵 25 千克、过磷酸钙100千克，均匀撒施后深翻耙糖均匀，做到地块平整、土壤绵软，无坷垃，无草根、石块，做成宽 3~4 米的小畦。

四、土壤消毒

结合整地，将 40%辛硫磷乳油 300 倍液或 4%的毒死蜱颗粒剂每亩 2 千克均匀喷洒在地表，翻入土壤内。

五、小畦播种

夏蒜苗于 4 月中旬播种，秋蒜苗于 7 月上旬播种，播前将蒜头先晾晒2~3 天，再剥下蒜瓣，剔除有病、干腐、带伤的蒜种，并按大、中、小分级。播种采用条播的方法，将同一级别的蒜种按在沟中保持直立，排种的方向是蒜种的背腹线与行向平行，种瓣要上齐下不齐。播种株行距

5 厘米×15 厘米，亩用种量 150~200 千克。播种后，适量覆盖有机肥或细土 2~3 厘米。亩保苗 8 万~9 万株。

六、田间管理

全生育期灌水 8~10 次，播种后浇一次透水，出苗后及时中耕除草。结合灌水追肥 2~3 次，每次亩施尿素 15 千克。

七、病虫害防治

病害主要是叶枯病，用 70% 的代森锰锌 1000 倍液喷雾。虫害主要有蒜蛆，每亩用 50% 辛硫磷乳油 1 千克兑水 100 千克灌根。

八、适期采收

蒜苗收获期应根据市场需求调节，一般播种后 60~80 天即可陆续收获上市。

露地西芹标准化栽培技术

一、品种选择

选择抗病、抗逆性强、优质、丰产、商品性好的品种文图拉、皇后等。

二、轮作倒茬

选择小麦、甘蓝、洋芋茬为好，严禁重茬或迎茬种植。

三、整地施肥

上茬作物收获后及时深翻灭茬，深度 25~30 厘米。翻耕后及时浇水，播种前 15 天亩施优质腐熟农家肥 5000~6000 千克，过磷酸钙 100 千克，硫酸钾 10 千克，均匀撒施后深翻耙糖均匀，做到地块平整、土壤绵软，无坷垃，无草根、石块。

四、土壤消毒

亩用 50%多菌灵可湿性粉剂 3 千克加敌百毒死蜱 2 千克，拌细土 25 千克配成药土，在起垄前均匀撒施，并耙入土壤。

五、播种

播前将种子晒种后进行浸种，先用 55℃的温水浸种 15 分钟，然后放入 15℃~20℃的清水中浸泡 24 小时，搓洗 2~3 遍，除去种子表面的黏液后捞出淋干。在 4 月下旬土壤温度稳定在 12℃以上时，按株行距 25

厘米×25 厘米破膜点播，穴深 1 厘米，每穴播 4~5 粒，亩用种量 100 克。播完后，覆土 1 厘米。播后浇小水以利出苗。亩保苗 8000~10 000 株。

六、田间管理

1. 间苗定苗

幼苗 3~4 片真叶时间苗，每穴留 2~3 株，幼苗 5~7 叶时定苗，每穴留无病虫害、健壮苗 1 株。

2. 水肥管理

西芹生长需水较多，一般灌水 8~10 次。定苗后结合灌水，亩追施尿素 8~10 千克，生长期结合灌水亩追施三元复合肥 25 千克，2~3 次。7~8 月份随降雨量增多尽量少灌水，以防病害发生。

七、病虫害防治

病害主要有斑枯病和心腐病。斑枯病用 70%代森锰锌 1000 倍液喷雾，发病后用 10%世高水分散粒剂 1500 倍液喷雾；心腐病用 72%农用链霉素 1500 倍液+10%的葡萄糖酸钙 750 倍液喷雾防治。虫害主要有蚜虫和斑潜蝇，蚜虫用 10%艾美乐水分散粒剂 1500 倍液喷雾防治，斑潜蝇用 75%灭蝇胺 1500 倍液喷雾防治。

八、适期采收

株高达到 60~80 厘米，根据市场需求，及时采收。

露地甘蓝标准化栽培技术

一、品种选择

选用早熟、丰产、结球紧实，耐抽薹的优良品种，如中甘 11 号、中甘 21 号等。

二、轮作倒茬

前茬以麦类、豆类、葱、蒜茬为好，防止与十字花科蔬菜连作。

三、整地施肥

亩施优质腐熟农家肥 5000~6000 千克、磷酸二铵 25 千克、过磷酸钙 100 千克，均匀撒施后深翻耙糖均匀，做到地块平整、土壤绵软，无坷垃，无草根、石块。

四、土壤消毒

亩用 50% 多菌灵可湿性粉剂 3 千克加敌百毒死蜱 2 千克，拌细土 25 千克配成药土，在起垄前均匀撒施，并耙入土壤。

五、起垄播种

4 月下旬土壤温度稳定在 12℃ 以上时起垄点播，垄宽 70 厘米，垄高 15 厘米，沟宽 30 厘米，每垄两行，株距 30 厘米，穴深 1 厘米，每穴播种子 3~4 粒，亩用种量 70 克。播后覆盖 1 厘米的细沙。亩保苗 4000~4500 株。

六、田间管理

1. 间苗定苗

幼苗 2~3 片真叶时间苗，每穴留苗 2~3 株； 4~5 片真叶时定苗，每穴留无病虫害、健壮苗 1 株。

2. 水肥管理

全生育期共灌水 4~5 次。定苗后结合灌水亩追施尿素 10~15 千克；结球期亩追施三元复合肥 20 千克。

七、病虫害防治

病害主要有软腐病和心腐病，发病初期用 72%农用链霉素 1500 倍液+10%葡萄糖酸钙 750 倍液喷雾防治，每隔 7~10 天喷 1 次，连喷 2~3 次；虫害主要有蚜虫、菜青虫、小菜蛾等。蚜虫可选用 10%吡虫啉可湿性粉剂 1500 倍液或 10%艾美乐水分散粒剂 1500 倍液喷雾防治；菜青虫、小菜蛾可选用绿菜宝 1500 倍液或 1.8%阿维菌素 3000 倍液+4.5%高效氯氰菊酯乳油 3000 倍液喷雾防治。

八、适期采收

结球紧实，达到商品成熟期，及时采收。

露地菜花标准化栽培技术

一、品种选择

选择抗病、优质、丰产、耐抽薹的中晚熟品种。白菜花品种有雪妃、羞月、玛瑞雅等；绿菜花品种有绿力、富贵塔等。

二、轮作倒茬

前茬以麦类、豆类、葱、蒜茬为好，防止与十字花科蔬菜连作。

三、整地施肥

亩施优质腐熟农家肥 5000~6000 千克、磷酸二铵 25 千克、过磷酸钙 100 千克，均匀撒施后深翻耙糖均匀，做到地块平整、土壤绵软，无坷垃，无草根、石块。

四、土壤消毒

亩用 50% 多菌灵可湿性粉剂 3 千克加敌百毒死蜱 2 千克，拌细土 25 千克配成药土，在起垄前均匀撒施，并耙入土壤。

五、起垄播种

4 月下旬土壤温度稳定在 12℃以上时起垄点播，垄宽 70 厘米，垄高 15 厘米，沟宽 30 厘米，每垄两行，株距 45 厘米，穴深 1 厘米，每穴播种子 3~4 粒，亩用种量 70 克。播后覆盖 1 厘米的细沙。亩保苗 2800~3000 株。

六、田间管理

1. 间苗定苗

幼苗 2~3 片真叶时间苗,每穴留苗 2~3 株; 4~5 片真叶时定苗,每穴留无病虫害、健壮苗 1 株。

2. 肥水管理

全生育期共灌水 5~6 次,定苗后结合灌水每亩施尿素 5~8 千克;莲座期结合灌水每亩追施尿素 10~15 千克;结球期结合灌水追施三元复合肥 25 千克,同时用 0.2% 的硼砂溶液叶面喷施 1~2 次。还可叶面喷施 0.1% 的磷酸二氢钾溶液 1~2 次。当花球直径约 3 厘米大小时进行束叶保护花球。绿菜花不需束叶。

七、病虫害防治

病害主要是黑腐病,用 70% 农用链霉素 1500 倍液 +10% 葡萄糖酸钙 750 倍液喷雾防治。虫害主要有蚜虫、菜青虫,蚜虫用 10% 艾美乐水分散粒剂 1500 倍液防治;菜青虫用 40% 辛硫磷乳油 1000 倍液防治。

八、适期采收

当花球紧实、表面圆正、边缘尚未散开时,及时采收。采收时留几片嫩叶,以保持花球在运输和销售过程中不受损伤和污染。

露地辣椒标准化栽培技术

一、品种选择

适宜古浪县栽培的优质、高产、抗逆性强、商品性好的露地辣椒品种有长剑、美国红、亨椒等。

二、种子处理

把种子放入 55℃温水中浸泡 15 分钟，待水温降到 25℃~30℃时浸种 3~4 小时，再放入 10%磷酸三钠溶液中浸泡 20 分钟，捞出后洗净晾干，以备播种。

三、育苗

采用穴盘基质育苗。壮苗标准为：苗龄 40~45 天，株高 10~15 厘米，5~6 片真叶，叶色浓绿，叶片厚，根系发达，无病虫害。

四、轮作倒茬

前茬以麦类、豆类、葱、蒜茬为好，一般要与茄果类蔬菜实行 3 年以上的轮作。

五、定植前准备

1. 整地施肥

亩施优质腐熟农家肥 5000~6000 千克，尿素 10 千克，磷酸二铵 20 千克，硫酸钾 15~20 千克。均匀撒施，浅耕使肥料和土壤混匀。

2. 土壤消毒

起垄前亩用 2% 疫病灵颗粒剂 3 千克加敌百毒死蜱 2 千克拌细土 25 千克配成药土，整地后均匀撒施于地表。

3. 起垄覆膜

垄宽 70 厘米，沟宽 30 厘米，垄高 20 厘米，采用幅宽 120 厘米的地膜覆盖垄面。

六、定植

待 10 厘米地温稳定在 12℃ 以上，选择晴好天气，于上午 9 时到下午 3 时定植。采用双株三角形定植，每垄两行，穴距 40 厘米，亩保苗 6600 株。

七、田间管理

定植后及时浇水，3~5 天后浇缓苗水，然后进行蹲苗，以促进根系生长，防止徒长。待门椒坐稳后开始浇水追肥。开花期要适当控制肥水，以防植株徒长及落花落果。结果期每次每亩追施磷酸二铵 10 千克、硫酸钾 15 千克，全生育期追肥 4~5 次。

八、病虫害防治

辣椒生产中常见病害有辣椒疫病、根腐病、青枯病、病毒病、白粉病；虫害主要有蚜虫、白粉虱、斑潜蝇、红蜘蛛等。

1. 农业防治

提倡起垄栽培，选择排灌方便的地块种植，培育壮苗，合理密植，及时清除田间病残株。

2. 药剂防治

辣椒疫病用 50% 甲霜铜可湿性粉剂 500 倍液或 70% 乙磷铝（DT）可湿性粉剂 1000 倍液等药喷雾；根腐病用 50% 多菌灵可湿性粉剂 600 倍液，或 40% 多硫悬浮剂 600 倍液，发病初期每隔 10 天左右灌根 1 次，连续灌 2~3 次；青枯病用 72% 农用链霉素可湿性粉剂 1500 倍液或 77% 可杀得可湿性粉剂 500 倍液，隔 7 天喷 1 次，连续喷 3~4 次；病毒病用 20% 病毒 A 可湿性粉剂 1000 倍液或 1.5% 植病灵乳油 1000 倍液，隔 7 天喷雾

1 次，连喷 3~4 次；白粉病用 40%福星乳油 8000 倍或 10%世高水分散粒剂 1500 倍液喷雾；蚜虫、白粉虱用 10%吡虫啉可湿性粉剂 1000 倍液喷雾；斑潜蝇用 75%灭蝇胺可湿性粉剂 1500 倍液喷雾；红蜘蛛用 24%螨危悬浮剂 4000 倍液喷雾。

九、适时采收

辣椒可连续结果多次采收，门椒、对椒要适当早采收，对椒以上果实达到商品成熟度即可采收。

露地西瓜标准化栽培技术

一、品种选择

宜选择抗病、优质、丰产的中晚熟品种。如西农 8 号、京欣 6 号、高抗冠龙、特大京欣等。

二、种子处理

将种子放入 55℃温水中浸泡 15 分钟，用清水浸泡 3~4 小时，再用 10%磷酸三钠溶液浸泡 20 分钟，捞出洗净后放在 25℃~30℃条件下催芽。

三、整地施肥

结合整地每亩施入优质腐熟农家肥 6000~8000 千克，磷酸二铵 20 千克，硫酸钾 15 千克。然后做成宽 1.2 米、高 30 厘米的垄，垄沟宽 40 厘米，垄面覆宽 140 厘米的地膜。

四、播种

4 月中下旬进行播种，每亩用种量 150~200 克。待催芽种子 80%以上露白时即可播种。播前浇透底水，水渗后在距瓜沟沿 6~8 厘米处开穴点播，每穴 2~3 粒，每垄 2 行，穴距 40 厘米，播种深度 2~3 厘米，播后覆土 2 厘米，每亩保苗 2000 株。

五、田间管理

1. 苗期管理

出苗后及时查苗、补苗，幼苗 2~3 叶时间苗，每穴留 2 株；4~5 叶期定苗，每穴留 1 株。

2. 肥水管理

西瓜较耐旱，幼苗期一般不浇水，促进根系发育；伸蔓至坐瓜前控制灌水，以防疯秧影响坐瓜；幼瓜膨大期需水量较多，应及时灌水，西瓜全生育期灌水 5~7 次，掌握勤浇薄灌；西瓜定个后控制灌水，促进养分转化，提高果实品质。坐瓜后结合灌水进行追肥，每次每亩追施尿素 5 千克，硫酸钾 15 千克，共追 2 次。

3. 植株调整

一般采用双蔓整枝，除保留主蔓外，在主蔓基部 3~5 叶处再留一条健壮侧蔓作为营养蔓，其余侧蔓及腋芽及时摘除。当主蔓长至 50 厘米时，轻轻将瓜蔓整齐地摆在瓜垄上，用湿土将瓜蔓压住，坐瓜后再压一次。当瓜蔓爬满瓜垄时摘心，使养分集中供给果实。

4. 授粉留瓜

待第二雌花开放后，于上午 8~9 时人工辅助授粉，幼瓜鸡蛋大时，选留一个子房周正、长相良好的幼瓜，其余幼瓜及时摘除，以免消耗养分，西瓜直径 10~20 厘米时，每周翻瓜一次，使瓜全面受光，着色均匀，以提高商品价值。

六、病虫害防治

西瓜病害主要有枯萎病、白粉病、蔓枯病和炭疽病，虫害主要有蚜虫。枯萎病用 50%多菌灵可湿性粉剂 1000 倍液喷雾防治；白粉病用 40%福星乳油 8000 倍液喷雾；蔓枯病用 75%百菌清可湿性粉剂 600 倍液喷雾；炭疽病用 70%代森锰锌可湿性粉剂 800 倍液喷雾；蚜虫用 25%阿克泰乳油 2000 倍液喷雾防治。

七、采收

西瓜成熟与否，可从果实发育天数、卷须、果实的形态变化和听声音判断。果实附近卷须枯萎，果柄茸毛大部分消失，蒂部内凹，果面条纹散开，清晰可见，果粉退去，果皮光滑发亮即为熟瓜。采收时间最好早、晚进行，以保持西瓜的口感。

日光温室蔬菜病虫害化学防治关键技术

近年来，随着日光温室蔬菜生产的大力发展，由于多种原因，不少地区日光温室管理技术较差，产量、产值都未达到预期目标，而温室新的病虫害不断出现，防治难度越来越大，影响了群众种植的积极性，甚至出现弃种弃管现象。蔬菜病虫害的防治，必须坚持"预防为主，综合防治"的植保方针，在加强农艺、物理防治的基础上，本着安全、有效、经济、简便的原则，辅助以必要的化学防治，严格控制病虫害的发生，将危害降到最低，达到高产、优质、低成本和无农药污染的目的。

一、提高药剂喷雾质量的关键技术

1. 药剂质量要好

选用对路、质量上乘的品牌农药是确保防治效果的基础。要跳出"图价格便宜，买一般农药→病虫害治不住暴发成灾→买品牌农药治住病虫害→植株大量叶片干枯→大瓜果不长，小瓜果化掉→买农药钱没少花，甚至多花不少→最终种植效益不高"的怪圈。在用药时，一定要选用有效成分含量、加工剂型和加工质量等有保证的品牌农药，并在农药中添加有机硅渗剂，以提高防效。

2. 喷雾器要专用

日光温室内种植的蔬菜，对麦田防除阔叶杂草的2,4-D丁酯等除草剂非常敏感，若将麦田喷过除草剂的喷雾器用于日光温室内喷药，极易发生残留药害，且很难救治。为此，温室用的喷雾器一定要专用，而且要维护好喷雾器，以减少"跑、冒、滴、漏"现象发生，提高药液利用率。

3. 喷头喷孔要小

喷雾器的喷头，一般不要用双喷头、直喷头和大孔径的喷头。一定要选用铜质的喷头，且喷孔要选用0.7毫米的。这样的喷头喷出的雾滴细、农药雾化度高，可提高药滴附着率。

4. 配药方法要科学

最好采用"二次稀释法"。即将称（量）好的药剂先倒入1千克左右的清水中搅匀稀释，然后将稀释好的药液倒入装好水的喷雾器中，充分摇匀后方可喷雾。

5. 喷雾方法要得当

首先喷雾压力要足。只有使喷雾器压力充足，才能保证雾化好、雾滴细，喷雾均匀，提高药液利用率。其次提倡单侧平行推进法。喷头与作物的高度以30厘米为宜，过低容易形成"水滴流淌"。

6. 喷雾部位要有方向

蔬菜的霜霉病、晚疫病、白粉病等气流传播病害，多数病菌聚集在叶片背面，所以应把喷头倾斜朝上，并伸向叶内喷洒，叶片背面一定要喷到，只有使叶片正面、叶片背面乃至茎秆、果实上都均匀分布有药液，防治效果才有保证。蔬菜作物的灰霉病，主要发生在花果、茎秆部位，应采用局部喷药。红蜘蛛、蚜虫、白粉虱等害虫常潜伏或产卵于叶片背面，因而喷药的重点部位也是叶片背面；有翅蚜等害虫喜欢侵害幼嫩的心叶、初开的花朵，喷药时应注意这些部位。

7. 喷雾剂量要适宜

对于蔬菜霜霉病、晚疫病等叶背侵入的病害，喷雾的技术要求是药液雾滴均匀覆盖在作物叶片背面、正面，使其充分湿润而不使药液从叶片上流滴为度。一般苗期喷雾，60米长温室至少要喷1~2喷雾器药液，生长后期18米长温室面积则需喷1喷雾器药液。

8. 农药使用要交替

提倡不同类型、种类的农药要合理使用和交替应用，以提高药剂利用率，减少用药次数，防止病虫产生抗药性，从而降低用药量，减轻环境污染。

9. 喷雾时间要适当

温室内深秋至早春喷药，要选择在晴天上午作物叶片、果实上无露水时喷雾，喷药后还要增温排湿，下午不宜喷药。其他季节，要避开高温时段，白天均可喷药。

二、日光温室蔬菜常见药害种类

目前，许多农户只认识或关注表现症状明显的急性药害（一般在施药后几小时或几天内即可表现出异常现象，如落叶、落花、落果、枯萎、烂根、褪色，甚至死亡），但对发生普遍、隐蔽性强、表现症状不明显、隐性损失大的慢性药害（指在施药后较长一段时间内才表现出异常现象）的危害性尚未认识到，现概括如下。

1. 错用农药引致的药害

主要指由于使用不能用于某种作物上的药剂后，或因混配不当所造成的药害。如敌敌畏不能用在瓜类、豆类和桃树上，黄瓜、菜豆对辛硫磷敏感。

2. 误用农药引致的药害

多数情况是买错、拿错或用无标签的农药造成，施药人员并未意识到。如将大田未用完的除草剂，保管不善使药瓶上标签丢失，使用时错误地认为是杀虫剂或杀菌剂喷洒在蔬菜等作物上引起的药害；也有的是由于温室使用的喷雾器未专用，大田喷洒 2,4-D 丁酯后未清洗或清洗不彻底，再用于温室喷药、喷肥而使敏感作物产生的药害。

3. 残留污染引致的药害

此类药害多发生在新建温室中，由于前茬使用了残效期长的氯磺隆、甲磺隆、氨苯磺隆的单剂及其混配制剂，而使温室种植的蔬菜作物产生的药害。

4. 药液漂移引致的药害

如大田喷施 2,4-D 丁酯，药液的过细雾粒随风漂移到温室栽培的作物上产生的药害。

5. 农药质量不高引致的药害

如可湿性粉剂的湿润性差，药液不能形成均匀液体，下层药液中有效成分含量高，可能会形成药害；乳油若出现浮油或沉淀，因药液浓度不均匀，会使一部分药液中有效成分过高而造成药害。

6. 农药使用不当引致的药害

如许多种植户随意加大用药剂量，尤其是杀菌剂、植物生长调节剂喷雾浓度过高时，极易产生药害；也有不少种植户在喷药时，遇到发病中心或害虫多的地方，往往会重复喷药，这也存在极大的隐患；还有的农户将剩下的药液放置几天后再用，也易发生这种药害。

三、温室作物药害防治关键技术

1. 温室作物药害预防技术

（1）了解药剂性质：种植户应掌握应用药剂是否对路，严格使用药剂剂量和浓度，选择正确的使用时期和方法；充分了解所用药剂使用注意事项，不能任意提高剂量和改变使用方法。

（2）了解药剂质量：如可湿性粉剂和悬浮剂的悬浮率降低、乳油稳定性差，有分层、大量沉淀或析出许多结晶，粉尘剂含水量过高（分散不均匀）都会产生不同程度的药害。

（3）提高药剂配制及施药水平：按照产品说明书，注意配制方法，进一步减少药害发生的可能性。

（4）选择适宜的品种和剂量：注意被保护作物种类及不同生育期特点，掌握对药剂敏感的作物种类及作物不同生育期的耐药能力，避免药害发生。

（5）掌握施药的环境条件：高温、强烈日光照射、相对湿度低于50%、叶片结露时不能施药，否则容易发生药害。

（6）农药混用要匹配：农药混用时，注意所用混配品种对蔬菜作物的适应性，混用后可降低残效期长的农药用量，减少二次用药发生药害的可能性。

(7) 新品牌农药要先试验：对当地未曾用过的农药，在施用前必须进行小面积的药害试验，找出不同作物的安全用药剂量、使用方法和使用时期后，才能使用。

(8) 三无农药禁止使用：对丢失标签，不能肯定是哪类品种的药剂，绝对不能使用，对无生产许可证、无商标或未经国家审批登记的农药，不能使用，以免出现药害。

2. 温室作物药害防治技术

温室作物药害发生严重时，在考虑二次药害的前提下，应及时补种或改种，不要因一味追究责任而延误农时。在药害不严重的情况下，可以采取以下措施调理救治。

(1) 灌水排毒：对因土壤施药过量造成的药害，可灌水洗土，排除毒物，减轻药害。

(2) 喷水冲洗：对喷错农药或发生药害后，若发现得早，药液未完全渗透或吸收到植株体内时，可迅速喷淋清水，充分洗净受害植株表面药液。如果是酸性药剂造成的药害，喷水时可加入适量草木灰或0.1%的生石灰；碱性药剂造成的药害，喷水时可加入适量食醋，能够中和或化解药剂。

(3) 足量灌水：可满足作物根系大量吸水，增加细胞水分，从而降低作物体内药物的相对含量，起到一定的缓解作用。

(4) 追肥促长：结合灌水追施速效肥，促进蔬菜作物迅速生长，提高蔬菜作物自身抵抗药害的能力。

(5) 局部摘除：对果实或根茎局部涂药或施药受害，可摘除药害果实或被害茎蔓。如主茎（杆）产生药害还应结合施用中和缓解剂或清水冲洗毒茎。

(6) 喷施肥料或调节剂：根据作物需要，喷施0.1%~0.3%磷酸二氢钾、0.2%~0.3%尿素水溶液，也可喷施种植动力2003、云芸苔素内酯、爱多收等调节剂。

小地老虎综合防治技术

一、形态特征

卵：馒头形，直径约 0.5 毫米、高约 0.3 毫米，具纵横隆线。初产乳白色，渐变黄色，孵化前卵顶端具黑点。

幼虫：圆筒形，老熟幼虫体长 37~50 毫米、宽 5~6 毫米。头部褐色，具黑褐色不规则网纹；体灰褐至暗褐色，体表粗糙，布大小不一而彼此分离的颗粒；前胸背板暗褐色。

蛹：体长 18~24 毫米、宽 6~7.5 毫米，赤褐有光。腹部第 4~7 节背面前缘中央深褐色，且有粗大的刻点，第 5~7 节腹面前缘也有细小刻点，腹末端具短臀棘一对。

成虫：体长 17~23 毫米、翅展 40~54 毫米。头、胸部背面暗褐色，足褐色，前翅褐色，后翅灰白色，纵脉及缘线褐色，腹部背面灰色。

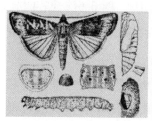

二、生活习性

小地老虎，别名土蚕、地蚕、黑土蚕、黑地蚕。全国各地均有分布，适宜生存温度为 15℃~25℃；沙壤土、易透水、排水迅速的地块，适于小地老虎繁殖，重黏土和沙土则发生较轻。幼虫的生活习性表现为：1~2 龄幼虫昼夜均可群集于幼苗顶心嫩叶处取食危害；3 龄后白天潜伏于表土的干湿层之间，夜间出土在近地面处将幼苗植株咬断拖入土穴、或咬食未出土的种子，幼苗主茎硬化后改食嫩叶、叶片和生长点；幼虫行动敏捷、有假死性、对光线极为敏感、受到惊扰即卷缩成团。

三、防治指标

地面发现小地老虎 1~2 头/米² 或蔬菜苗被害 3%~6% 时，必须进行防治。

四、防治方法

小地老虎的防治应坚持"预防为主，综合防治"的植保方针。采取以农业防治、物理防治和化学防治相结合的综合防治措施。

1. 农业防治

（1）起垄定植前或上一茬蔬菜收获后，深翻土壤、精耕细作，破坏地下害虫的生存环境。

（2）农家肥在使用前必须进行充分腐熟和无害化处理。

（3）铲除日光温室内部和周边杂草，减少小地老虎产卵的场所。

2. 物理防治

（1）捕杀幼虫：对高龄幼虫可在清晨到田间检查，如果发现有断苗，拨开附近的土块，进行人工捕杀。

（2）诱杀成虫：用糖、醋、酒诱杀液（诱剂配法：糖 3 份，醋 4 份，水 2 份，酒 1 份；并按总量加入 0.2% 的 90% 晶体敌百虫）或黑光灯诱杀成虫。

3. 化学防治

（1）土壤处理：起垄前 7~10 天，用 40% 辛硫磷毒死蜱或 40% 敌百毒死蜱颗粒 4 千克/亩，掺细土 25 千克，均匀撒施后起垄，也可用 40% 氯氰菊酯 1500 倍液喷雾后起垄。

（2）叶面喷雾：在幼虫 3 龄盛发前，每亩选用 50% 辛硫磷乳油 150 毫升，或 40% 氯氰菊酯乳油 20~30 毫升，加 90% 晶体敌百虫 50 克，兑水 150 升喷雾。

（3）毒土或毒砂：选用 50% 辛硫磷乳油 250 克兑水 500 克，拌细土 25 千克配成毒土，每亩 20~25 千克顺垄撒施于幼苗根部附近，或用 40% 敌百毒死蜱颗粒 4 千克/亩，掺细土 25 千克均匀撒于定植穴周围。

（4）毒饵或毒草：一般虫龄较大时可采用毒饵诱杀。选用 90% 晶体敌百虫 0.5 千克或 50% 辛硫磷乳油 500 毫升，加水 2.5~5 升，喷在 50 千克碾碎炒香的棉籽饼、豆饼或麦麸上，于傍晚在受害作物田间每隔一定距离撒一小堆，或在作物根际周围撒施，每亩用量 5 千克。毒草可用 90% 晶体敌百虫 0.5 千克，拌轧碎的鲜草 75~100 千克，每亩用量 15~20 千克。

日光温室番茄早疫病防治技术

一、病害症状

番茄早疫病又叫轮纹病，是番茄重要病害之一。叶片发病初，呈针尖大小的黑点，后发展为不断扩展的黑褐色轮纹斑，边缘多具浅绿色或黄色晕环，中部出现同心轮纹，潮湿条件下，病部长出黑色霉物。茎和叶柄受害，茎部多发生在分枝处，产生褐色至深褐色不规则圆形或椭圆形病斑，稍凹陷，表面生灰黑色霉状物。青果染病始于花萼附近，初为椭圆形或不定形褐色或黑色斑，凹陷，有同心轮纹。后期果实开裂，病部较硬，密生黑色霉层。

二、发病规律

温度高、湿度大，特别是多雨雾天气，最有利早疫病发生。另外，缺肥、田间排水不好，植株生长衰弱，或植株徒长，通风透光不好，可使病情加重。

三、防治措施

1. 农业措施

及时摘除病果和下部病叶、老叶，拉秧后彻底清除病残组织，集中销毁；与非茄科植物实行两年以上轮作。

2. 生态防治

棚室内夜间温度不能低于15℃，白天当温度增至24℃~28℃时，要尽快放风排湿，使湿度降至80%以下，以减少病菌侵染的机会。

3. 药剂防治

发病初期开始用药，喷洒50%腐霉利可湿性粉剂2000倍液、50%异菌脲可湿性粉剂1000~1500倍液、50%多菌灵可湿性粉剂1500倍液+70%代森锰锌可湿性粉剂喷雾。为防止产生抗药性，提高防效，提倡轮换交替或复配使用。每7天喷1次，连喷2~3次。

日光温室番茄晚疫病防治技术

一、病害症状

幼苗、成株均可发病，为害叶、茎、果食。苗期染病，多从植株上部嫩叶开始；成株期叶片染病多从温室前端植株下部叶片的叶尖、叶缘开始，初形成暗绿色水浸状边缘不明显的病斑，扩大后呈褐色，病健交界处为浅绿色，湿度大时叶背病健交界处出现白霉，干燥时病部干枯，脆而易破；茎部病斑最初呈黑色凹陷，后变黑褐腐烂，易引起主茎病部以上枝叶萎蔫；青果染病，近果柄处形成油浸状、暗绿色病斑，后变黑褐色至棕褐色，稍凹陷，病部较硬，边缘呈明显的云纹状。湿度大时生长白霉，迅速腐烂。

二、发病规律

低温、高湿是该病发生、流行的主要条件，较高的相对湿度或叶面有无水滴为发病的决定条件。温室昼夜温差大，气温低于 15℃，相对湿度高于 85% 时容易发病。若相对湿度长时间在 85%~100% 时，晚疫病就要大流行。底肥不足、偏施氮肥、过度密植、持续阴雨（雪）、光照不足、灌水过多、大水漫灌以及棚膜质量差或棚膜水滴流淌严重，均利于病害发生与蔓延。

三、防治方法

1. 农业防治

清洁田园，清除病叶、病果及病残体，高垄覆膜栽培，膜下滴灌或膜下暗灌，避免地面积水，灌水后及时排湿。

2. 药剂防治

发病前可用 70% 安泰生 600 倍液、75% 达科宁 800 倍液等交替喷雾预防；发现中心病株后，及时把病枝、病叶、病果摘除，带出温室烧毁，立即对叶片正、背面及茎秆果实用 68% 金雷水分散粒剂 1000 倍液、75% 霜脲氰粉剂 1000 倍液喷雾防治。

日光温室辣椒白粉病综合防治技术

一、白粉病症状

辣椒白粉病为害叶片时，可产生两种症状。一种是叶面出现褪绿斑：发病初期叶面出现数量不等、形状不规则的较小褪绿斑，褪绿斑多呈不规则状圆形，褪绿斑向四周迅速扩展，导致叶面大部分褪绿，叶背可出现稀疏霉层，呈丝状交织；另一种是叶面出现坏死斑。辣椒感病后叶面组织出现变黑坏死，且叶正、背面都可见，病斑呈浸润状延伸扩张，表现为黑褐色的水浸状坏死斑，该症状初期叶背不容易出现白色霉层，后期即使出现霉层也较稀薄，发病严重的植株坏死斑覆盖整个叶面，造成落叶。

二、发生规律

该菌主要借助风力、农事操作、雨水滴溅传播。蓟马、蚜虫、白粉虱是该菌的传播来源。温室内光照不足、通风不良、空气相对湿度大、种植密度大、施肥不合理、灌水量过大等，都有利于发病，空气干燥、气温在25℃~28℃时易于流行。白天温度25℃，湿度小于80%，夜间湿度大于85%时，该病扩展最快。50%~80%的相对湿度以及弱光照有利于病害的发生和流行，但是长时间的降雨可抑制病害的发生。

三、防治方法

1. 农业防治

加强水肥管理，以腐熟的有机肥做基肥，增施磷钾肥，减少或不施速效氮肥。合理密植，采用高垄单株栽培，勤通风，避免土壤忽干忽湿。

2. 化学防治

发病初期，及时喷洒2%宁南霉素水剂200倍液、2%武夷菌素水剂150倍液或2%多抗霉素水剂200倍液，间隔8~10天防治1次，连续喷洒2~3次，将病害有效地控制在发病初期；发病中期，用40%氟硅唑乳油6000~8000倍液，10%苯醚甲环唑水分散粒剂2000~3000倍液，50%醚菌酯水分散粒剂1500~3000倍液，25%吡唑醚菌酯乳油2000~3000倍液交替使用，可达到理想的效果。

番茄黄化曲叶病毒病综合防治技术

一、黄化曲叶病毒病症状

番茄植株感病初期主要表现是生长迟缓或停滞，节间变短，植株明显矮化，茎秆上部变粗，多分枝，叶片变小变厚，叶质脆硬，叶片有褶皱、向上卷曲，叶片边缘至叶脉区域黄化，植株上部叶片症状明显，下部老叶症状不明显；后期表现坐果少，果实变小，膨大速度慢，成熟期的果实不能正常转色。

二、发病规律

番茄黄化曲叶病毒病主要由烟粉虱传播，播种过早，晚秋不凉，暖冬，春季气温回升早等因素，均有利于烟粉虱越冬、繁殖及危害传毒；氮肥施用过多，植株生长过快，播种过密，株行间郁闭，利于烟粉虱发生，易诱发番茄黄化曲叶病毒病；多年重茬、肥力不足、耕作粗放、杂草丛生的田块发病重。

三、防治方法

1. 选用抗病品种，培育无病虫健苗

（1）根据不同番茄品种的感、抗病表现，选用抗、耐病品种育苗。合理安排茬口，错开发病高峰，尽量避开烟粉虱高发期定植番茄。

（2）育苗床要与定植田分开，做好杂草的防除，同时使用 40 目防虫网隔离，避免苗期感染。苗床悬挂粘虫板诱杀烟粉虱，减少传毒媒介。

（3）苗期喷施盐酸吗啉胍可湿性粉剂 800 倍液 1~2 次，降低病毒感染。定期喷洒苦参碱、吡虫啉等防治烟粉虱，避免苗期感染病毒。

（4）发现病苗及时拔除，带出田间深埋或烧毁。苗期要合理配方施肥，适当增施微肥和磷、钾肥，控制氮肥用量和浇水量，促使幼苗生长健壮，增强植株抗病力。

2. 加强田间管理

（1）尽量避免与茄科蔬菜连作，在一定程度上降低烟粉虱种群发生量。及时清除田间及棚内外杂草和残枝落叶，以减少虫源。

（2）适当控制氮肥施用，增施磷钾肥和有机肥，促进植株生长健壮，提高植株的抗病能力。

（3）加强田间管理，防止接触传染。在绑蔓、整枝、打杈、蘸花和摘果等操作时，应先处理健株，后处理病株，注意手和工具要用肥皂水及时清洗消毒，减少人为传播。

（4）隔离、诱杀及生物防治

棚室通风口处设置 40 目防虫网，必要时在防虫网上喷涂触杀型杀虫剂或在棚内靠近防虫网内侧设置诱虫板，诱杀个别从风放口穿过防虫网进入棚室的烟粉虱。番茄定植后悬挂深黄色粘虫板诱杀烟粉虱，每亩设置 32~34 块，置于行间，悬挂高度略高于植株高度，黄板上机油每隔 7~10 天需重涂 1 次。

（5）及时拔除病株，清除病残体

棚内发现零星病株，立即拔除，并带出田外深埋或烧毁。结合整枝及时除去植株下部烟粉虱虫、卵枝叶。整个生长季节结束后，要及时清洁田园，清除烧毁残枝、落叶、落果，使用磷酸三钠、敌敌畏、甲醛等对温室进行全面消毒，并闭棚 3 天以上，防止番茄黄化曲叶病毒对下茬番茄的传染。

3. 化学防治

（1）及时喷施抗病毒制剂

定植前后各喷 1 次 NS–83 增抗剂（为混合脂肪酸组成）100 倍液，增强番茄耐病性；发病初期（5~6 叶期）喷洒 1.5% 植病灵 800 倍液或 2% 宁南霉素水乳剂 250 倍液，每隔 7 天喷 1 次，连续喷 2~3 次。

（2）药剂防治烟粉虱

可用 20% 异丙威烟剂熏棚或者用 25% 阿克泰水分散粒剂 2000~3000 倍液或苦参碱等植物源农药与上述农药轮换使用。

日光温室白粉虱综合防治技术

一、形态特征

卵：长 0.2~0.25 毫米，侧面观长椭圆形，基部有卵柄，柄长 0.02 毫米，卵柄从叶背的气孔插入植物组织中。初产淡黄绿色，表面覆有蜡粉，而后渐变褐色，由浅褐变成深褐色，孵化前黑紫色。

若虫：1 龄若虫体长约 0.29 毫米，长椭圆形，淡黄色。2 龄若虫 0.37 毫米。1~2 龄若虫可以活动。3 龄若虫约 0.51 毫米，淡绿色或黄绿色，足和触角均退化，紧贴在叶片上营附生生活。4 龄若虫又称伪蛹，体长 0.7~0.8 毫米，椭圆形，4 龄初时体扁平，逐渐加厚，中央隆起，黄褐色，体背有 5~8 对长短不齐的蜡丝，体侧有刺，羽化前期可以看到成虫的一对红色复眼。

成虫：体长 1~1.5 毫米，淡黄色或白色。翅面覆盖白色蜡粉，停息时双翅在体上合成屋脊状，如蛾类，翅端半圆状遮住整个腹部，翅脉简单，沿翅外缘有一排小颗粒。

二、发生规律及为害特点

1. 生活周期

在日光温室蔬菜种植区，白粉虱一年可发生 10 余代，露地最多发生 7 代。成虫寿命一般 50 天左右，在此期间，成虫可多次产卵，造成白粉虱世代重叠和各虫态混合发生的特点，所以白粉虱周年发生为害。

2. 生活习性

成虫具有很强的趋嫩性和趋黄性，常聚集在植株叶背产卵，随着植株的生长，白粉虱成虫产卵位置也随之升高。由于害虫是多次侵害，在同一叶片上可能就有不同的虫态和虫龄，世代重叠也就更为突出。

3. 为害特点

成虫和若虫群聚于叶片背面刺吸植物汁液，致使被害叶片褪绿、变黄、萎蔫，严重时全株枯死。成虫和若虫均能分泌大量蜜露，严重污染叶片和果实，往往引起煤污病的大发生，严重时蔬菜失去食用价值。

三、防治方法

1. 农业防治

进行轮作倒茬，把好育苗关，培育壮苗。及时清理杂草和残株，以及在通风口密封防虫网，控制外来虫源。

2. 物理防治

白粉虱对黄色有强烈地趋向性，在温室内设置黄板诱杀成虫。每亩设置 32~34 块，悬挂于植株顶端 10 厘米处，当白粉虱沾满时重新涂机油。

3. 化学防治

用 1.8% 阿维菌素乳油 1500 倍液、25% 阿克泰水分散颗粒剂 1500 倍液喷雾或每亩温室内用 20% 异丙威烟剂 400 克熏蒸。

日光温室番茄叶霉病综合防治技术

一、病害症状

番茄叶霉病主要为害叶片，严重时也为害茎、花和果实。叶片染病，首先从中下部开始，叶面出现不规则形或椭圆形淡黄色褪绿斑，叶背形成近圆形或不规则形白色霉层，后期变为灰褐或黑褐色绒状。随病情扩展，叶片由下向上逐渐卷曲，植株整个叶片呈黄褐色干枯。嫩茎或果柄染病，症状与叶片类似。果实染病，果蒂附近或果面形成黑色圆形或不规则斑块，硬化凹陷。

二、发病规律

病菌喜高温、高湿环境，发病最适温度 20℃~25℃，相对湿度 90%以上，利于病菌繁殖，病菌借气流传播，10~15 天即可使全棚普遍发病，甚至出现大量干枯叶片。相对湿度低于80%，不利于病菌侵染和病斑扩展。连阴雨雪天气，放风不及时，棚内温度较高，湿度大，可使病害迅猛发展蔓延。另外，密度过大，植株生长过旺，田间郁蔽，通风透光不良，也是加重该病为害的条件。晴天光照充足，棚内短期增温至30℃~36℃，对病菌有明显抑制作用。

三、防治方法

1. 选用抗病品种。

2. 温汤浸种：播前种子用55℃温水浸种30分钟，捞出晾干后即可播种。

3. 轮作倒茬：一般与非茄科作物进行3年以上轮作，以降低土壤中菌源基数，减少初侵染源。

4. 加强棚室管理：浇水后及时通风降湿；适时整枝打杈，摘除病叶，以利通风透光；采用配方施肥，减少氮肥用量，适当增加磷、钾肥，提高植株抗病力。

5. 化学防治：在发病初期，喷洒40%福星乳油8000倍液、40%叶霉净可湿性粉剂800倍液或20%克菌丹可湿性粉剂1000~1500倍液喷雾防治，隔7~10天喷1次，连喷2~3次，也可用20%霜疫净400克点燃熏蒸。

日光温室红提葡萄白粉病综合防治技术

一、病害症状

主要为害葡萄绿色幼嫩部分，菌丝体生长在植物表面，以吸器进入寄主表皮细胞内吸收养分。叶片染病，初现褪绿病斑，上生白色粉状物，后逐渐扩展，严重时布满整个叶片。幼果染病，病斑褪绿，呈褐色星芒状花纹并长出白粉。果实长大后染病，果粒容易开裂。

二、发病规律及危害特点

病菌以菌丝体在被害组织内或芽鳞间越冬，也可以闭囊壳在枝蔓上越冬。白粉病在温室葡萄上发生较早，一般 6 月份开始发病，7~8 月份进入盛发期。绿色的组织如叶片、枝蔓、卷须、幼嫩的果实等都对白粉病非常敏感，随着器官、组织的逐渐老化，其抗病性也逐渐增强。果实对白粉病最敏感的时期是在落花后的 4~6 周，大约是在果粒豌豆大小至封穗前。气温较高、空气干燥、或闷热多云的天气病害发展速度最快。大雨可以冲刷叶片表面的病菌，使病害暂时受到抑制，雨后气候条件适宜时，病害又会迅速发展。氮肥过多、枝叶茂密、通风透光差或灌水不及时，有利于病害发生。

三、防治方法

1. 农艺措施

清除温室墙体、走道等处的杂草；及时摘除初发病叶、病果；生长季节及时摘心、绑蔓；入冬前剪除病枝、病叶。

2. 药剂防治

（1）药剂预防

葡萄出土后到萌芽前，先喷施一次 5 波美度的石硫合剂、或 10% 世高（苯醚甲环唑）水分散粒剂 1 袋（10 克）、或 43% 富力库（戊唑醇）悬浮剂 1 袋（6 毫升）兑 1 喷雾器水喷雾。

葡萄 4~5 叶期、花序分离期、幼果膨大期、套袋前，可用 75% 拿敌稳（肟菌·戊唑醇）水分散粒剂 1 袋（5 克）+70% 安泰生（丙森锌）可湿性粉剂 1 袋（25 克）、或 12.5% 欧得（氟环唑）悬浮剂 1 袋（10 克）+80% 绿大生（代森锰锌）可湿性粉剂 1/3 袋（33 克）、或 43% 富力库（戊唑醇）悬浮剂 1 袋（6 毫升）或 43% 翠富（戊唑醇）悬浮剂 1 袋（6 毫升）+46% 可杀得叁千（氢氧化铜）水分散粒剂 1 袋（10 克）、或 40% 信生（腈菌唑）可湿性粉剂 1 袋（10 克）+70% 安泰生（丙森锌）可湿性粉剂 1 袋（25 克）、或 22.5% 阿砣（啶氧菌酯）悬浮剂 1 袋（10 毫升）、或 42.8% 露娜森（氟菌·肟菌酯）悬浮剂 10 毫升，兑 1 喷雾器水全株均匀喷雾。

（2）药剂救治

病害发生初期，喷雾间隔期 7 天左右，视病情连续喷 3~4 次。喷雾要细，全株叶片正、反面都要均匀喷到。常用药剂：42.8% 露娜森（氟菌·肟菌酯）悬浮剂 10 毫升+70% 安泰生（丙森锌）可湿性粉剂 1/4 袋（25 克），兑 1 喷雾器水全株均匀喷雾；或 75% 拿敌稳（肟菌·戊唑醇）水分散粒剂 1 袋（5 克）+70% 安泰生（丙森锌）可湿性粉剂 1/4 袋（25 克），兑 1 喷雾器水全株均匀喷雾；或京彩双联袋（25% 嘧菌酯+10% 苯醚甲环唑）1 套（20 克）+43% 翠富（戊唑醇）悬浮剂 1 袋（6 毫升）+70% 喜多生（丙森锌）可湿性粉剂 1 袋（25 克），兑 1 喷雾器水全株喷雾；或 43% 富力库（戊唑醇）悬浮剂 1 袋（6 毫升）、或 40% 高照（氟硅唑）乳油 1~2 袋（2~4 毫升）+70% 安泰生（丙森锌)可湿性粉剂 1/4 袋(25 克)、或 40%达科宁(百菌清)悬浮剂 30 毫升，兑 1 喷雾器水全株均匀喷雾；或 37%博锐(苯醚甲环唑)水分散粒剂 1 袋(10 克)、10%世高(苯醚甲环唑)水分散粒剂 1 袋(10 克)+70%安泰生(丙森锌)可湿性粉剂 1/4 袋(25 克)、或 40%达科宁(百菌清)悬浮剂 30 毫升，兑 1 喷雾器水全株均匀喷雾；或 40%信生(腈菌唑)可湿性粉剂 1/3~1/2 袋(3.3~5 克)+46%可杀得叁千(氢氧化铜)水分散粒剂 1 袋(10 克)，兑 1 喷雾器水全株均匀喷雾；或 12.5%欧得(氟环唑)悬浮剂 1 袋(10 毫升)+80%绿大生(代森锰锌)可湿性粉剂 1/3 袋(33 克)，兑 1 喷雾器水全株均匀喷雾。

日光温室红提葡萄霜霉病综合防治技术

一、病害症状

葡萄霜霉病主要为害叶片、果实，严重时也为害花穗和卷须。叶片染病初期，叶面出现淡黄色多角形病斑，且在病斑背面产生一层白色霉状物（病菌孢子梗）；随着病情的发展，病斑布满叶片大部或全部，并逐渐干枯。果梗受害变褐色坏死，极易引致果粒脱落，潮湿时果梗上也产生白色霉状物。果粒在花生粒大小时最容易感病，病部呈淡褐色软腐，容易脱落，湿度大时表面密生白色霉状物；果粒稍大时染病，果粒停止生长，表面皱缩成皮革状，褐色软腐，容易脱落。新梢、卷须等发病后，初呈半透明水渍状斑点，后很快变成黄褐色凹陷状病斑，潮湿时病部也产生白色霜霉层，最后生长停止，甚至枯死。

二、发病规律及危害特点

病原菌以休眠的卵孢子随病叶等病残组织在土壤里越冬，可以存活1~2年。春季葡萄枝条5~6叶刚刚展开时，孢子开始萌发。当温度超过10℃时，遇到降雨将产生性孢子，引起初次侵染。病菌孢子反复不断地侵染，造成病害流行。病菌的侵染喜欢相对低温潮湿的环境，分生孢子的产生只有在湿度超过90%的夜间进行。在最适合的温度条件下，病菌大约只需要3小时就可以侵染到寄主体内，仅需4天病害就可完成一个循环。

降雨量以及降雨天数是影响葡萄霜霉病发生流行的重要因素。6~9月份的降雨越大、降雨天数越多，霜霉病的发生则早且重。果梗对霜霉病较为敏感，最易感病，进而导致果粒染病。一般老叶片的钙/钾比例高，因而抗病，而嫩叶的比例低，易感病。

三、防治方法

1. 农艺措施

及时摘心、绑蔓和中耕除草，提高葡萄结果部位，及时摘除葡萄下部叶片和新梢；冬季修剪后彻底清除病叶、病果等病残体，减少越冬菌源。基施肥料时，每垄施过磷酸钙 2.5 千克、硅钙钾肥 2.0 千克；花前、花期，可用沃生 20~25 毫升、或钙尔美 10~20 毫升、或艾米格 20 毫升，兑 1 喷雾器水全株喷雾，间隔 7~10 天喷 1 次，连喷 3~4 次。果粒开始膨大后，可用沃生 20~25 毫升+磷钾动力 20 克、或钙尔美 20 毫升+戴乐威旺 1 袋(35 克)或戴乐扶元液 1 袋(20 毫升)、或艾米格 20 毫升+展翠果优 1 袋(20克)，兑 1 喷雾器水全株喷雾，隔 10~15 天喷 1 次，连喷 4~5 次，以增加叶片等钙/钾浓度，提高抗病性，且有利于预防裂果，提高果粒含糖量。

2. 药剂防治

(1) 药剂预防

葡萄出土后到萌芽前，喷施 5 波美度石硫合剂。

葡萄花序分离期，可用 70%安泰生(丙森锌)可湿性粉剂 1 袋(25 克)或 70%喜多生(丙森锌)可湿性粉剂 1/3 袋(33 克)+70%赛深(甲霜·锰锌)可湿性粉剂 1/3 袋(33 克)、或 72%克露(霜脲·锰锌)可湿性粉剂 1/3 袋(33克)、72%妥冻(霜脲·锰锌)可湿性粉剂 1/3 袋(33 克)、或 43.%碧净(百菌清·氰霜唑)悬浮剂 33 毫升，兑 1 喷雾器水，全株均匀喷雾。

葡萄花后 2~3 天，用 25%阿米西达(嘧菌酯)悬浮剂 1 袋(10 毫升)、或 25%中保京彩(嘧菌酯)1 袋(10 克)+10%中保天沐(苯醚甲环唑)微乳剂 1 袋(10 克)，兑 1 喷雾器水全株均匀喷雾。

7~9 月上旬未覆盖棚膜前，视降雨情况，可用 68%金雷 (精甲霜·锰锌)水分散粒剂 1/3 袋(33 克)、或 64%杀毒矾(噁霜·锰锌)可湿性粉剂

1/3~1/2袋（33~50克）、72%兴农妥冻（霜脲·锰锌）可湿性粉剂1/3袋(33克)、或70%赛深(甲霜·锰锌)可湿性粉剂1/3袋(33克)、或72%克露(霜脲·锰锌)可湿性粉剂1/3袋(33克)、或25%菌思健(烯肟·脲霜氰)可湿性粉剂1袋(30克)、或43.%碧净(百菌清·氰霜唑)悬浮剂33毫升，兑1喷雾器水，交替全株均匀喷雾，每隔10~15天喷1次药。

(2) 药剂救治

霜霉病属极易流行蔓延、暴发成灾，重视发病初期救治是控制病害流行的关键。发现中心病株后，及时把病叶、病果摘除，带出室外烧毁，可采用10%杜邦增威赢绿（氟噻唑吡乙酮)5毫升+68.75%杜邦易保(噁酮·锰锌)10克，兑1喷雾器水全株喷雾；或52.5%抑快净（恶酮·霜脲氰)水分散粒0.5~1袋(12.5~25克)+46%可杀得叁千(氢氧化铜)水分散粒剂1袋(10克)兑1喷雾器水全株喷雾；或68.75%银法利(氟菌·霜霉威)悬浮剂1~1.5支（25~37.5毫升)+25%中保京彩（嘧菌酯)1袋(10克)+70%安泰生(丙森锌)可湿性粉剂1袋(25克)兑1喷雾器水全株喷雾。

日光温室红提葡萄灰霉病综合防治技术

一、病害症状

主要为害葡萄花序、幼果和成熟以后的果穗，有时也为害新梢和叶片。果穗受害后，初期呈褐色水渍状病斑，湿度大时很快颜色变深，果穗腐烂，上生灰色霉层。成熟期果穗染病，先在个别有虫伤或机械伤口的果粒上发病，然后扩展到附近其他果粒，逐渐使染病的果粒都长满褐色霉层。果粒或花序染病后，如果天气变得干旱少雨，果穗侧面就不产生灰色霉层，则逐渐萎蔫、腐烂、干枯。

二、发病规律及危害特点

病菌主要以菌核和分生孢子在土壤中越冬。翌年春天温度回升，遇到降雨或灌水，土壤中越冬的菌核萌发产生分生孢子，借助气流传播到花穗上。灰霉病菌是一个弱寄生菌，并喜欢低温、高湿的发病条件。在温室葡萄上主要为害春季的花穗和膨大至成熟期的果实。葡萄花朵完全开放期是灰霉病侵染最敏感的时期，而且灰霉病有明显的潜伏侵染特性。葡萄谢花前后若遇到较大降雨、或灌水后又遇连阴天，病菌很容易借助即将脱落的花侵染花穗，造成整个花穗染病。7~9月份，遇到降雨多、雨量大、或连续的低温阴雨天时，病害极易发生与流行。

三、防治方法

1. 农艺措施

及时清除病枝、病果，减少病菌基数；提高结果部位，尽量使果穗位置在距地面 50 厘米以上，减少土壤中病菌侵染的机会；及时摘心、绑蔓、中耕除草；科学灌水，防止灌水、雨后长时积水；落花后及时套袋，减少病菌侵染机会；雨季在葡萄沟内、垄面覆盖地膜，以防止土壤表面的病菌传播到近地面的果穗和枝叶上。

2. 药剂防治

（1）药剂预防

葡萄开花前、开花期、开花后、果实膨大期、套袋前，可用以下处方喷雾：果实膨大期、套袋前，可用 40%施佳乐(嘧霉胺)悬浮剂 1 支(15 毫升)+70%安泰生(丙森锌)可湿性粉剂 1 袋(25 克)兑 1 喷雾器水喷雾；或 50%速克灵(腐霉利)可湿性粉剂半袋(25 克)或 50%兴农悦购(腐霉利)可湿性粉剂半袋(25 克)+40%达科宁(百菌清)悬浮剂 30 毫升、或 70%喜多生(丙森锌)可湿性粉剂 1 袋(25 克)兑 1 喷雾器水喷雾；或 50%凯泽(啶酰菌胺)水分散粒剂 1 袋(12 克)+70%安泰生(丙森锌)可湿性粉剂 1 袋(25 克)兑 1 喷雾器水喷雾；或 50%兴农包正青(异菌脲)可湿性粉剂 1 袋(15 克)+70%喜多生(丙森锌)可湿性粉剂 1 袋(25 克)兑 1 喷雾器水喷雾；或 80%迈锐(嘧霉·异菌脲)水分散粒剂 1 袋(10 克)+80%金络(代森锰锌)可湿性粉剂 1 袋(55 克)兑 1 喷雾器水喷雾；或 40%灰必克(嘧霉·异菌脲)悬浮剂 1 袋(15.5 克)+80%绿大生(代森锰锌)可湿性粉剂 1/3 袋(33 克)兑 1 喷雾器水喷雾。

（2）药剂救治

初见病后，及时摘除病叶病果，并立即用以下处方救治。喷药间隔期为 5~7 天，视病情连喷 3~4 次。可采用 40%施佳乐(嘧霉胺)悬浮剂 1 支(15 毫升)+50%速克灵(腐霉利)可湿性粉剂半袋(25 克)，兑 1 喷雾器水喷雾；或 50%凯泽(啶酰菌胺)水分散粒剂 1 袋(12 克)+40%施佳乐(嘧霉胺)悬浮剂 1 支(15 毫升)，兑 1 喷雾器水喷雾；或 50%兴农悦购(腐霉利)可湿性粉剂半袋(25 克)+50%兴农包正青(异菌脲)可湿性粉剂 1 袋(15 克)+70%喜多生(丙森锌)可湿性粉剂 1(25 克)兑 1 喷雾器水喷雾；或 80%迈锐(嘧霉·异菌脲)水分散粒剂 1 袋(10 克)+50%速克灵(腐霉利)可湿性粉剂半袋(25 克)，兑 1 喷雾器水喷雾。

日光温室红提葡萄炭疽病综合防治技术

一、病害症状

主要为害果粒，引起果粒腐烂。果实染病初期，在果面产生褐色水渍
状病斑，或雪花状病斑。病斑逐渐扩大呈深褐色，稍凹陷，表面生许多轮
纹状排列的小黑点，遇到潮湿环境，其上长出粉红色的孢子团，果实软
腐、容易脱落。新梢、叶片、穗轴、果梗等都可以染病，但为害较轻。

二、发病规律及危害特点

病菌主要以菌丝体在一年生枝蔓的表皮组织及果梗、叶痕等处越冬。
翌春，当气温高于10℃时，遇到降雨、灌水等潮湿环境，可以产生分生
孢子，随雨水等传播并通过寄主表皮、气孔、皮孔等处侵染果实、枝蔓、
卷须等。炭疽病有潜伏侵染特性，果粒上产生的分生孢子随雨水可以再
侵染。葡萄炭疽病属高温高湿型病害，湿热多雨的环境有利发病，尤其是
在葡萄果实接近成熟时，遇到高温多雨极易引致葡萄炭疽病暴发成灾。

三、防治方法

1. 农业措施

结合冬季修剪，清除植株上的病枝条和地面的枯枝、烂叶，并带出棚
外烧毁。

2. 药剂防治

开花前、每次降雨后、果实膨大期、果实近成熟期、病害发生初期，可用采用42.8%露娜森（氟菌·肟菌酯）悬浮剂10毫升+70%安泰生（丙森锌）可湿性粉剂1/4袋（25克）+沃生20毫升兑1喷雾器水喷雾；或75%拿敌稳（肟菌·戊唑醇）水分散粒剂1袋（5克）+70%安泰生（丙森锌）可湿性粉剂1/4袋（25克）+沃生20毫升兑1喷雾器水喷雾；或京彩双联袋（25%嘧菌酯+10%苯醚甲环唑）1套（20克）+70%喜多生（丙森锌）可湿性粉剂1袋（25克）兑1喷雾器水喷雾；或43%富力库（戊唑醇）悬浮剂1袋（6毫升）或43%翠富（戊唑醇）悬浮剂1袋（6毫升）+80%金络（代森锰锌）可湿性粉剂50克+沃生20毫升兑1喷雾器水喷雾；或10%世高（苯醚甲环唑）水分散粒剂1袋（10克）或37%博锐（苯醚甲环唑）水分散粒剂1袋（10克）+40%达科宁（百菌清）悬浮剂30毫升+沃生20毫升兑1喷雾器水喷雾；或12.5%欧得（氟环唑）悬浮剂1袋（10毫升）+80%绿大生（代森锰锌）可湿性粉剂1/3袋（33克）+沃生20毫升兑1喷雾器水喷雾。

日光温室红提葡萄黑痘病综合防治技术

一、病害症状

主要为害葡萄的果实、叶片、新梢、卷须等，幼嫩时最容易为害。叶片染病后开始出现针尖大小的红褐色至黑褐色斑点，周围有黄色晕圈。病斑扩大后呈圆形或不规则形，病斑中央干枯呈灰白色，稍凹陷，边缘红褐色。后期病斑中央易穿孔，边缘仍保持红褐色。幼果染病，初呈深褐色圆形斑点，逐渐扩大成为圆形或不规则形凹陷病斑，直径2~5毫米，中间灰白色，边缘深褐色，病斑似鸡眼状。多个病斑可以连成大斑，后期病斑硬化或表皮开裂。染病较晚的果实可以长大，病斑凹陷不明显，但果实变酸，病斑仅限于表皮，不深入果肉，遇雨病斑上出现乳白色的胶粘状孢子团。新梢、叶柄、卷须也可以发病，症状都是灰褐色病斑，边缘深褐色，中央稍凹陷，常开裂。枝蔓上的病斑可以扩展到髓部，重时新梢不长、萎缩、枯死。

二、发病规律及危害特点

病菌以菌丝体在病枝、病蔓等处的组织中越冬，也有部分在地面的病果、病叶上越冬。当春季平均气温超过12℃时，病斑部位或地面病残体上越冬菌丝体开始产生分生孢子，借风雨传播形成初期侵染。葡萄叶片、幼果、枝蔓等尚处于幼嫩阶段，若遇频繁降雨，非常有利于病害发生。管理粗放、树势衰弱、肥力不足或氮肥过量、磷钾肥不足、杂草丛生都会加重病情的发展。

三、防治方法

葡萄黑豆病发生前、发生初期，及时摘除病果粒，可用 42.8%露娜森(氟菌·肟菌酯)悬浮剂 8~10 毫升+70%安泰生(丙森锌)可湿性粉剂 1 袋(25克)，兑 1 喷雾器水(15 升、下同)，全株均匀喷雾；或 75%拿敌稳(肟菌·戊唑醇)水分散粒剂 1 袋(5 克)+70%安泰生(丙森锌)可湿性粉剂 1 袋(25克)兑 1 喷雾器水全株均匀喷雾；或京彩双联袋(25%嘧菌酯+10%苯醚甲环唑)1 套(20 克)+70%喜多生(丙森锌)可湿性粉剂1 袋(25 克)兑 1 喷雾器水喷雾；或 22.5 阿陀 (啶氧菌酯) 悬浮剂 1 袋(10 毫升)+46%可杀得叁千(氢氧化铜) 水分散粒剂 1 袋 (10 克) 兑 1 喷雾器水全株均匀喷雾；或12.5%欧得(氟环唑)悬浮剂 1 袋(10 毫升)+80%绿大生(代森锰锌)可湿性粉剂 1/3 袋(33 克)兑 1 喷雾器水全株均匀喷雾；或 43%富力库(戊唑醇)悬浮剂或 43%翠富(戊唑醇)悬浮剂 6~12 毫升+70%安泰生(丙森锌)可湿性粉剂 1 袋(25 克)兑 1 喷雾器水全株均匀喷雾；或 10%世高(苯醚甲环唑)水分散粒剂或 37%博锐(苯醚甲环唑)水分散粒剂 1 袋(10 克)+25%阿米西达(嘧菌酯)悬浮剂 1 袋(10 毫升)兑 1 喷雾器水全株均匀喷雾。

农药的使用方法

一、喷雾施药

喷雾法是通过喷雾器械将药液直接雾化附着在植物或虫体上，达到防病治虫除草的目的。适宜喷雾的农药剂型有：水分散粒剂、悬浮剂、可湿性粉剂、乳油、微乳剂、水剂、可溶型粉剂、乳粉等农药。喷雾效果与喷雾器械质量、药剂配混、喷雾技术等密切相关。购买喷雾器械要选用质量较好的，且要及时保养、维修，防止"跑、冒、滴、漏"，以提高喷雾效果和药液利用率；喷过2,4-滴丁酯、二甲四氯、二甲·百草枯等农药的喷雾器，不能用于瓜类、蔬菜、马铃薯、中药材、花卉、葡萄及温室作物的喷药、喷肥，否则极易发生残留药害；大田喷雾除草，最好使用扇形喷头喷雾，药液分布均匀，有利提高除草效果；果树、玉米行间及农田草埂上喷洒草甘膦、百草枯等灭生性除草剂，喷头上应戴上防护罩，以免药剂微粒飘移，误伤其他植物。

要想达到理想喷雾效果，重点要从病虫诊断、预防救治、药剂选用、药剂喷雾等四个方面抓好防治。

病虫诊断是从症状等表型特征来判断其病因，确定病害种类。植物医学不同于人体医学，服务的对象是植物，它的经历和受害程度，全凭人们的经验和知识去调查与判断。及时准确地诊断，采取合适的防治措施，可以挽救植物的生命和提高产量，如果诊断不当或误诊，就会贻误时机，造成更大损失。毋庸置疑，诊断准确是配方施治的基础，也是提高药剂救治效果的保证。

预防救治要重视药剂早期预防、早期救治，这是控制流行性、暴发性、灾害性病害的关键。晚疫病、霜霉病、疫病等低等真菌病害，虽然在深秋至早春日光温室、塑料大棚内暴发性、灾害性俱强，但在配套落实农艺控害措施的基础上，于发病之前，交替喷施保护性杀菌剂，可达到不发生、或推迟发生、或发生轻流行的效果；出现发病中心后，立即用治疗剂全棚茎叶交替喷雾，就可有效控制其流行成灾。

药剂要注意选用能防治住病虫害的药剂。品牌药剂虽然贵一些，但其有效成分含量、加工剂型、乳化效果等达标，使用后见效快、控制效果好，整体效益是显著的。如68.75%氟菌·霜霉威悬浮剂、52.5%霜脲·锰锌水分散粒剂、42.8%氟菌·肟菌酯悬浮剂等，具有优异的保护性、治疗性、持久性，能够迅速抑制病害蔓延，达到有效控制病害为害的目的，是防治晚疫病、霜霉病、白粉病的首选药剂。

药剂喷雾要选择喷头喷孔小，铜制的喷头，这样的喷头喷出的雾滴细，可提高药滴附着率、吸收利用率及防治效果。喷雾方法要得当，喷雾压力要足，并保持恒压，才能喷化好、雾滴细、喷布均匀、提高药液利用率；压力不足喷出的粗雾，易形成"水滴流淌"和"药斑"，防治效果难以保证。

喷雾要有针对性：黄瓜霜霉病、番茄晚疫病、辣椒白粉病等真菌性病害，多数病菌聚集在叶片背面，故应把喷头朝上，并伸向叶内喷洒，使叶片背面、正面都有药液均匀分布；烟粉虱、白粉虱等迁飞活跃的害虫，在清晨有露水时活动迟缓，此时有利喷药灭杀；瓜菜作物灰霉病，主要发生在花果、茎秆部位，可采用局部喷药或抹药。

喷雾药液要适当：大田苗期每亩需喷1喷雾器药液，茎叶繁茂期每亩需喷2~3喷雾器药液；温室苗期每亩需喷1喷雾器药液，植株高大时，则温室5间需喷1喷雾器药液。

喷雾时间要得当：温室深秋至早春喷药，要选择在晴天上午作物叶片、果实上无露水时喷雾，喷后还要增温排湿，下午不宜喷药，十分忌讳在雨、雪及阴天喷雾，其他季节喷药也要避开高温时段；大田喷雾要做到"三不喷"，即风大时不喷药、叶面有露水时不喷药、高温时段不喷药。

二、粉尘施药

粉尘用药法就是用喷粉器将粉尘剂喷洒室内，使其形成飘尘，增加在空气中的悬浮时间，在瓜菜表面有更多的沉积量，从而提高防效。药械可用丰收 5 型或 10 型喷粉器。喷粉作业时由里往外，人要退行，均匀摇动把柄。施药在早晨或傍晚为宜，早晨用药应有一定的沉积时间，1 小时后开温室为宜。如 5%百菌清粉尘，可防治灰霉病、炭疽病、黑斑病、菌核病、叶斑病；7%叶霉净粉尘，可防治番茄叶霉病。（注意：可湿性粉剂不能用于温室、大田喷粉）

三、烟雾施药

烟雾法是利用烟雾剂燃烧所产生的烟雾将药剂随烟雾分散到植株体或病虫体上的一种施药方法。烟雾法与叶面喷雾的其他剂型农药相比，最大特点是能解决温室在连阴雨雪天不能通过常规喷雾法来防治病虫害的问题。温室内湿度过大，有利于霜霉病、晚疫病、灰霉病、疫病等病害的发生，尤其是深秋至早春季节，最易形成低温、高湿环境，若遇连阴雨雪天气，病害最易蔓延成灾。施用烟雾剂可避免湿度进一步加大，从而减少喷雾带来的不利影响。烟雾剂施药均匀，"无孔不入"，可有效缓解温室内的死角问题。在温室内，烟雾剂通达性好，渗透力强，能弥漫温室各个角落，能达到最佳的防治效果，而且一般不会使病虫害产生抗药性。烟熏也省工省时，使用方便，用药成本低。使用烟雾剂防治病虫害不需要器械，操作者点燃后即可离开，劳动强度低。

要把握好熏蒸时间。温室一般在傍晚将烟剂放地上，点燃后引致烟雾。为防止烟雾气流干扰和飘出，烟雾放置后，由里向外逐个点燃，并密闭温室过夜，第二天早晨打开温室风口换气后，再从事正常的农事操作。不少农药经销商及农户认为烟雾剂熏蒸时间越长效果会更好，其实是不对的。不同的烟雾剂，其熏蒸的时间不同，一般是 4~10 小时。同一种烟雾剂在不同种类的蔬菜上使用，其熏蒸时间也不尽相同。与杀菌烟雾剂相比，杀虫烟雾剂发烟量大，浓度高，要注意短时熏蒸，一般 4~5 小时即可；杀菌烟雾剂的熏蒸最长也不要超过 10 小时。冬季夜长，点燃烟剂时间不宜过早，最好在晚上 10 时后。

要把握好用药剂量。因为烟雾剂是靠有效成分点燃后散发的烟雾上升来防治病虫害的，所以其使用剂量应该按温室的长度（间数）确定用药量。常见的蔬菜耐药程度从强到弱依次为：辣椒＞茄子＞苦瓜＞番茄＞黄瓜＞芸豆。用药剂量偏大，这是农户使用烟雾剂出现药害的最为重要的原因。瓜菜定植初期耐药性较差，慎用烟剂；当植株长势弱时，其抗药能力大大降低，此时最好不用或减量使用烟雾剂。刚浇过水的温室，室内湿度较大，此时使用烟雾剂效果好，不易出现药害；相反在干燥的温室内熏蒸极易发生药害。

要把握好熏蒸药物。当温室内既有病害又有虫害时，不少农户为图省事，在同一个晚上，把杀菌烟雾剂、杀虫烟雾剂都点燃，想一举两得。殊不知，其用量无疑是翻了一番，出现药害也在所难免了。病虫混发时，最好选用含有杀菌、杀虫成分的复配型烟剂。

要把握好外界风力。如果外界风速比较大，就会有较强的气流通过门口、放风口等处空隙进入温室，该气流在温室内的流向，就是容易出现药害的地方。许多农药经销商指导农民使用烟雾剂时，极容易忽视这一问题。

注意事项：所有定型和混配的烟剂均不再稀释使用；深秋至早晨气温低时烟剂易发潮而影响正常燃烧发烟，应晒（烘）干后再用；幼苗期尤其是刚定植的幼苗耐药性较差，最好别用烟剂，否则易发生药害；烟剂点燃后应放置在走道，若放到作物行间也易熏伤叶片。

四、土壤处理

将药剂施到土壤里，达到消灭土壤中病菌、害虫和杂草的目的。是将药剂兑水均匀地喷洒地表或配制成毒土均匀撒施后随即翻耕，使药剂分散到土壤耕层内。也可用药剂喷拌营养土。

如定植前，每亩可用50%多菌灵（欧派秋兰姆）可湿性粉剂1袋（400克）、或50%甲基托布津可湿性粉剂2千克，与干土拌匀后撒入土壤中进行消毒。防治蔬菜根结线虫病可用10%福气多（噻唑膦）颗粒剂、10%噻维粒（噻唑膦）颗粒剂播前土壤处理。防治番茄溃疡病等细菌性病害，可于定植前每亩用硫酸铜3~4千克撒施处理土壤。

土壤处理要使药剂均匀混入土壤中，与植株根部接触的药量不能过大，以防药害发生。苗床土消毒方法是：苗床土配好、过筛后，用72.2%普力克（霜霉威）水剂20~40毫升+45%乐斯本（毒死蜱）乳油50毫升、或50%氯氰·毒死蜱乳油50毫升，溶于1喷雾器水（15千克）中，将1方营养土喷拌搅匀后，然后堆成一堆，用塑料薄膜盖起来，闷2~3天，可充分杀死病虫，然后撤掉薄膜，把营养土摊开，经1~2周左右晾晒，药味全部散尽后再装营养钵或铺在育苗畦上，可有效预防苗期猝倒病、疫病和地下害虫的为害。

五、药剂灌根

直接向植株根部浇灌药液的一种局部施药技术。如作物育苗期间，可用70%安泰生（丙森锌）可湿性粉剂1袋(25克)、或70%喜多生(丙森锌)可湿性粉剂1/4袋(25克)+72.2%普力克(霜霉威)水剂1袋(20毫升)+70%艾美乐(吡虫啉)水分散粒剂5~6克，兑1喷雾器水淋灌4~5米²苗床、或育盘，可有效预防苗期病虫害。又如瓜菜作物定植时，可用60%高巧(吡虫啉)悬浮剂1袋(10毫升)、或70%艾美乐(吡虫啉)水分散粒剂5~6克+72.2%普力克(霜霉威)水剂1袋(20毫升)+30%瑞苗清(甲霜·恶霉灵)水剂8~10毫升、11%宝路(精甲·咯·嘧菌)悬浮种衣剂10~20毫升，兑1桶水(15千克)灌根，可有效预防病虫侵染，并可促进根系发育。再如瓜、菜作物生长期间，发现有根结线虫危害，可用70%艾美乐(吡虫啉)水分散粒剂5~6克兑水15千克灌根，连续灌3次，间隔期瓜类20天，番茄30天，可达到显著的防病、增产效果。灌根要求：每株至少灌一纸杯药液，1桶药液(15千克)灌3~4垄。

六、药剂浸蘸

浸蘸法就是将药剂加水稀释后，通过浸种、苗木蘸根、植株蘸花等来预防救治病虫、促根促芽和保花保果。

（1）浸种：瓜菜作物播种或育苗前必须对种子进行严格的消毒处理。番茄、西葫芦等种子先用清水浸泡 3~4 小时，再用 10% 磷酸三钠溶液浸泡 20 分钟，捞出洗净，可防治病毒病。黄瓜、茄子等种子用 50% 多菌灵可湿性粉剂 1 克兑水 500 毫升浸种 1 小时，可防治真菌病害。

（2）蘸根：瓜菜作物、洋葱等露地作物，定植时进行药剂蘸根，可以促根、防病、治虫，简单易行、花钱少、预防效果好。定植前，可以采用中农蘸根三宝 1 盒，内装 30% 瑞苗清（甲霜·恶霉灵）水剂 2 袋（16 毫升）、20% 护瑞（呋虫胺）可溶粒剂 2 袋（20 克）、五谷盈（大量元素水溶肥料）1 袋（25 克），兑水 15 千克浸蘸苗根；或 60% 高巧（吡虫啉）悬浮剂 1 袋（10 毫升）、或 70% 艾美乐（吡虫啉）可湿性粉剂 2 袋（6 克）+68.75% 银法利（氟菌·霜霉威）悬浮剂 1 支（25 毫升）+30% 瑞苗清（甲霜·恶霉灵）水剂 2 袋（16 毫升）、或 11% 宝路（精甲·咯·嘧菌）悬浮种衣剂 2 袋（20 毫升），兑水 15 千克浸蘸苗根；或 19% 维瑞玛（溴氰虫酰胺）悬浮剂 25 毫升+30% 瑞苗清（甲霜·恶霉灵）水剂 2 袋（16 毫升）、或 11% 宝路（精甲·咯·嘧菌）悬浮种衣剂 2 袋（20 毫升），兑水 15 千克浸蘸苗根。

（3）蘸花：使用番茄灵等植物生长调节剂处理花穗，可提高番茄的坐果率。如在配好的 1 千克点花溶液中加入 3 毫升 40% 施佳乐（嘧霉胺）悬浮剂，混匀后蘸（点、喷）花可预防灰霉病，也可用 40% 施佳乐（嘧霉胺）悬浮剂 10 毫升兑水 2 千克浸蘸黄瓜、西葫芦的花，以预防灰霉病。值得注意的是，在生产中不推荐使用 2,4-D 保花保果。点花液中加入适乐时（咯菌腈）既能防病，又不需再加颜色。

七、药剂涂抹

将内吸性的高浓度药液（也可加入矿物油）与面粉等配制成黏稠液体后，涂抹在植物茎秆、或茎基部、或叶柄上，使植物内吸这些药剂后达到防治病虫的目的。定植初期，若栽植病苗、或栽的过深、湿度较大的温室，辣椒最易发生疫病，番茄和人参果最易发生茎基腐病。定植7天后，可用68.75%银法利（氟菌·霜霉威）悬浮剂1支（25毫升），兑水1.5~2.0千克，与面粉配成糊状，用毛笔涂抹地表以上3~5厘米茎部周围，可有效预防辣椒疫病、番茄等作物茎基腐病的发生。番茄晚疫病茎秆初发病时，可用68.75%银法利（氟菌·霜霉威）悬浮剂1支（25毫升），加水1.5~2.0千克溶解后，与面粉调制成糊状，轻轻刮掉病斑上疤痕后，将糊状药液均匀涂抹其上即可，救治效果显著。番茄、辣椒的茎蔓、叶柄感染灰霉病初期，用40%施佳乐（嘧霉胺）悬浮剂1支（15毫升），加水1.5~2.0千克与面粉调制成糯糊状，轻轻刮掉病斑上疤痕后，将糊状药液均匀涂抹其上即可，可有效控制病部发展。瓜类蔓枯病、番茄早疫病茎蔓初发病斑，可用42.8%露娜森（氟菌·肟菌酯）悬浮剂1毫升、或75%拿敌稳（肟菌·戊唑醇）水分散粒剂1克、或22.5%阿托（啶氧菌酯）悬浮剂1毫升，加水0.5千克，与面粉配制成糊状，刮掉病疤后涂抹患处。

合理使用农药

一、对症用药

农药种类很多，每种农药都有各自的防治对象。在使用某种农药前，一是要确诊作物发生的是什么病害、什么虫害。如果自己确诊不了，最好当面或通过热线电话向专家、技术人员咨询，并请他们到温室诊断指导。二是必须了解选用农药的性能、使用范围及注意事项，做到对症下药。就杀虫剂来讲，胃毒剂只对菜青虫、小菜蛾、甘蓝夜蛾等咀嚼式口器害虫有效，但防治蚜虫、蓟马等刺吸式口器害虫则无效；安泰生（丙森锌）、喜多生（丙森锌）、绿大生（代森锰锌）等保护性杀菌剂主要用于预防，病害发生前使用最好；治疗性杀菌剂，一般在病害发生初期使用效果最佳。不论是杀虫剂、还是杀菌剂，并不是哪个虫、哪个病甚至每个虫态都能防、都能治。如克螨特（炔螨特）对红蜘蛛的成虫、若虫有特效，但不杀卵；来福禄（乙螨唑）、螨危（螺螨酯）则对红蜘蛛的卵特效，但不杀成虫。亩旺特（螺虫乙酯）对烟粉虱的若虫高效，但对成虫的防效较差。银法利（氟菌·霜霉威）、抑快净（恶酮·霜脲氰）对各种蔬菜霜霉病、晚疫病、疫病、绵疫病、猝倒病等高效，但不能用于防治白粉病、早疫病等；拿敌稳（肟菌酯·戊唑醇）对白粉病、叶霉病、叶斑病、炭疽病、早疫病、蔓枯病、锈病等高等真菌病害防治效果显著，但不能用于防治霜霉病、晚疫病、疫病等低等真菌病害。

二、适期用药

由于温室环境条件非常有利于病虫害的发生，药剂预防、救治要突出一个"早"字。如预防枯萎、根结线虫等土传病害，应注重定植前的土壤处理；预防病毒病、溃疡病等种子也可带菌的病害，应注重育苗前的种子消毒或药剂拌种及早期用药；预防苗床病虫害，一般幼苗出现 2 片真叶即可用 70%安泰生（丙森锌）可湿性粉剂 1 袋（25 克）、或 70%喜多生（丙森锌）可湿性粉剂 1/4 袋（25 克）+72.2%普力克（霜霉威）1 袋（20 毫升）+70%艾美乐（吡虫啉）水分散粒剂 5~6 克，兑 1 喷雾器水喷淋；定植 15 天左右，即可用 70%安泰生（丙森锌）可湿性粉剂、80%绿大生（代森锰锌）可湿性粉剂、40%达科宁（百菌清）悬浮剂、70%喜多生（丙森锌）可湿性粉剂等保护性药剂喷雾预防；防治霜霉病、晚疫病等气流传播病害，应在初见发病中心时先局部封锁处理控制。不同的农药防治适期也不一样。如生物农药作用较慢，使用时应比化学农药提前 2~3 天。70%安泰生（丙森锌）可湿性粉剂、70%喜多生（丙森锌）可湿性粉剂属保护性杀菌剂，未发病前使用既能防病又能补锌，防病壮苗（秧）效果很好；24%螨危（螺螨酯）悬浮剂的速效性较差，但持效期可达 50 天以上，最好于害螨发生前或零星发生初期喷药，与速效性好的 73%克螨特（炔螨特）乳油、或 8%中保杀螨（阿维·哒螨灵）乳油等混用控害效果更好。

三、科学混配

实践证明：单一用药，易出现"摁下葫芦瓢又起"的问题，不利于多种病虫害的综合控制。采用科学合理的农药混用，可达到一次施药控制多种病虫危害的目的，甚至可以增加药效并减轻抗药性及药害等农药副作用，既高效又省工省时。

科学混配的原则：保持原药有效成分稳定、或有增效作用、不产生剧毒并具有良好的物理性状。如兴农包正青（异菌脲）不能与速克灵（腐霉利）、乙烯菌核利混用或轮用；速克灵（腐霉利）不宜与有机磷农药混配；目前 46%可杀得叁千（氢氧化铜）水分散粒剂是可以和其他防治杀菌剂

(三乙膦酸铝除外)、杀虫剂、叶面肥混用的，其他含铜制剂与防治真菌性病害的药剂、叶面肥，能否混用最好咨询厂家、或进行试验。现在生产的植物动力2003也可与其他农药混用。若番茄上晚疫病、灰霉病混合发生，最好用抑快净、或银法利+施佳乐、或速克灵、或兴农包正青等喷防；若黄瓜上霜霉病、细菌性角斑病混发，则可用抑快净、或银法利+可杀得叁千+农用硫酸链霉素喷防；若葡萄上霜霉病、灰霉病、白腐病混发，则可用抑快净、或银法利+施佳乐、或兴农包正青、或凯泽+拿敌稳、或露娜森、或富力库喷雾防治。病害初发时，可用保护性杀菌剂+治疗性杀菌剂喷防。值得强调的是，喷施农药时混加叶面肥要慎重。因为叶面肥的成分比较复杂，多数是大、中、微量元素的混合物，也有不少叶面肥还混有激素和助剂。这种药肥混合物一旦喷到瓜菜作物上，轻者导致药剂失效，重者使瓜菜作物生长点萎缩，或类似激素过量症状，有时还会引起作物中毒。

四、轮换用药

提倡不同剂型、种类的农药合理轮换使用，以免病虫产生抗药性。如菊酯类杀虫剂、甲霜灵连续使用易使虫、病产生抗药性，应与其他类型的杀虫剂或杀菌剂交替使用。防治白粉、灰霉、霜霉、晚疫等病害的药剂，也应与不同有效成分的药剂交替使用，以提高其防治效果。

五、正确选择施药部位

施药时要根据不同时期不同病虫害发生特点，有针对性地确定施药点和植株施药部位，减少用药，提高防治效果。如霜霉病、晚疫病通常先在棚室的前部（南端）作物上发生，所以应及时在前部作物上喷药预防。霜霉病、白粉病的发生是由下部叶片向上发展，早期防治霜霉、白粉病的重点在下部叶片（注重叶片背面施药），可以减轻上部叶片染病。蚜虫、叶螨、白粉虱、烟粉虱、蓟马等害虫栖息在幼嫩叶子的背面，蓟马还常群聚在辣椒、茄子等盛开的花朵中，因此喷药时必须均匀，喷头向上，重点喷叶背面。

六、农药残留

1. 严禁使用高毒农药

武威市人民政府于2010年9月5日发布了《关于加强农药管理工作

全面禁止经营和使用高毒农药的通告》，但高毒农药违规销售使用的问题仍未得到彻底制止，尤其在洋葱、甜菜重点种植区域、温室根结线虫重发的乡村，违规使用甲拌磷、甲基异柳磷、涕灭威等剧毒、高毒农药的现象时有发生，禁"毒"工作任重道远。禁止销售、使用高毒农药，是解决农药残留、提高农产品质量、实现农产品无害化目标的关键和根本，是控制农药污染、改善生态环境、实现农业可持续发展的需要，是实现以人为本、保证城乡人民身体健康的需要。要进一步加大农药市场监管力度，努力营造禁用高毒农药的高压态势，采取舆论引导、宣传培训、依法打击等行之有效的措施，切实把武威市禁限高毒农药的工作做实；要建立举报奖励制度，向社会公布举报电话，强调农药监管"关口前移"，"打""堵""管"结合，切实从源头上堵住高毒农药的暗进、暗销渠道。要引进筛选、示范、推广替代高毒农药的"三高一低农药"（高活性、高安全性、高选择性、低残留），扩大市场占有率，满足禁用高毒农药后农民对防治用药的需求。

2. 遵守施药安全间隔期规定

最后一次使用农药的日期距离蔬菜采收日期之间，应有一定的间隔天数，可有效防止鲜食瓜类、蔬菜及粮食中残留农药超标。通常做法是夏季至少为 6~8 天，春秋季至少为 8~11 天，冬季则应在 15 天以上。同时要根据使用农药的安全间隔期，确定下次的喷药时间。

3. 严格控制施药浓度及频率

针对不少农民忽视农业、物理、生物等预防控害措施的配套落实，缺乏科学、安全使用农药的知识，习惯把高毒农药作为防治农作物病虫害的"神丹妙药"及一些经销商随意向农民推荐"大处方"用来"救急"，极易造成农药残留、超标的问题，加大宣传与培训力度，提高农民对症施药、适当施药、轮换用药、混合用药、安全用药科学知识，增强农药经销者依法经营、诚信经营的意识，主动为"绿色农业"的发展，提供"绿色农药"，不断弱化化学防治对环境、农产品的负面影响，确保无公害农产品生产的健康发展。

国家禁用农药和限用农药清单

一、国家明令禁止使用的农药

六六六，滴滴涕，毒杀芬，二溴氯丙烷，杀虫脒，二溴乙烷，除草醚，艾氏剂，钬氏剂，汞制剂，砷、铅类，敌枯双，氟乙酸胺，甘氟，毒鼠强，氟乙酸钠，毒鼠硅，甲胺磷，甲基对硫磷，对硫磷，久效磷，磷胺。

二、在蔬菜上不得使用和限制使用的农药

甲拌磷，甲基异硫磷，特丁硫磷，甲基硫环磷，治螟磷，内吸磷，克百威，涕灭威，灭线磷，硫环磷，蝇毒磷，敌虫硫磷，氯唑磷，苯线磷。

无公害农产品生产中可以使用的农药

（1）杀菌剂：50%多菌灵、70%百菌清、 50%瑞毒霉、60%代森锌、95%敌克松、50%速克灵、10%双效灵、20%三唑酮（粉酮宁）乳油。

（2）杀虫剂：40%乐果乳油、50%乙酰甲胺磷、50%辛硫磷乳油、25%马拉硫磷乳油、2.5%功夫（三氟氯氰菊酯）乳油、75%克螨特乳油、90%晶体敌百虫、80%敌敌畏乳油、50%避蚜雾可湿性粉剂、20%速灭杀丁（氰戊菊酯）乳油、2.5%溴氰菊酯乳油、25%杀虫双水剂。

附件 1

无公害蔬菜上适合使用的农药品种及其使用技术（黄瓜）

防治对象	农药名称	毒性	适宜施药时期	使用剂量（商品量）	使用方法	最多使用次数	施药后距离采摘的天数
蚜虫	25%噻虫嗪水分散粒剂	低毒	苗期、结瓜初期	10~12.5 克/亩	喷雾	4	5
	10%溴氰虫酰胺悬浮剂	微毒	整个生育期	30~40 克/亩	喷雾	3	3
	20%吡虫啉可溶液剂	低毒	整个生育期	7.5~10 毫升/亩	喷雾	2	3
	10%溴氰虫酰胺悬浮剂	微毒	整个生育期	30~40 克/亩	喷雾	3	3
	20%啶虫脒可溶粉剂	中等毒	苗期、结瓜生育期	12~24 克/亩	喷雾	3	4
白粉虱	100 克/升氟啶虫酰胺水分散粒剂	低毒	整个生育期	30~50 克/亩	喷雾	3	1
	20%异丙威烟剂	低毒	苗期、结瓜初期	150~200 克/亩	点燃	2	5
	48%噻虫啉水分散粒剂	低毒	苗期、结瓜初期	7~15 克/亩	喷雾	2	5
斑潜蝇	1.8%阿维菌素乳油	低毒	整个生育期	40~80 克/亩	喷雾	3	2
	10%溴氰虫酰胺悬浮剂	微毒	整个生育期	30~40 克/亩	喷雾	3	3
	1.8%阿维·高氯乳油	低毒	整个生育期	55~110 毫升/亩	喷雾	2	3
	50%灭蝇胺可湿性粉剂	低毒	整个生育期	25~30 克/亩	喷雾	2	2
霜霉病	687.5 克/升氟菌·霜霉威悬浮剂	低毒	整个生育期	60~75 毫升/亩	喷雾	3	3
	18.7 烯酰·吡唑酯水分散粒剂	低毒	整个生育期	75~25 克/亩	喷雾	3	3
	66.8%丙森·缬霉威可湿性粉剂	低毒	整个生育期	100~133 克/亩	喷雾	3	3
	100 克/升氰霜唑悬浮剂	低毒	整个生育期	53~67 克/亩	喷雾	4	1
	250 克/升嘧菌酯悬浮剂	低毒	整个生育期	32~48 毫升/亩	喷雾	3	3
	60%唑醚·代森联水分散粒剂	低毒	整个生育期	60~100 克/亩	喷雾	4	2
	250 克/升吡唑醚菌酯菌酯乳油	低毒	整个生育期	20~40 克/亩	喷雾	4	1
	25%烯肟菌酯戊唑醇乳油	低毒	苗期、结瓜初期	25~50 毫升/亩	喷雾	3	4

续表

防治对象	农药名称	毒性	适宜施药时期	使用剂量（商品量）	使用方法	最多使用次数	施药后距离采摘的天数
白粉病	250克/升嘧菌酯悬浮剂	低毒	整个生育期	60~90毫升/亩	喷雾	3	1
	50%醚菌酯水分散粒剂	低毒	苗期、结瓜初期	13~20克/亩	喷雾	3	5
	250克/升吡唑醚菌酯乳油	低毒	整个生育期	20~40克/亩	喷雾	4	1
	25%烯肟菌酯乳油	低毒	苗期、结瓜初期	25~50毫升/亩	喷雾	3	4
	10%苯醚甲环唑水分散粒剂	低毒	整个生育期	50~83克/亩	喷雾	3	3
	20%腈菌唑菌酯悬浮剂	低毒	苗期、结瓜初期	16.7~33.3毫升/亩	喷雾	3	4
	40%腈菌唑可湿性粉剂	低毒	整个生育期	7.5~10毫升/亩	喷雾	3	3
灰霉病	400克/升嘧霉胺悬浮剂	低毒	整个生育期	63~94毫升/亩	喷雾	2	3
	50%啶酰菌胺水分散粒剂	低毒	整个生育期	30~45克/亩	喷雾	3	3
疫病	60%唑醚·代森联水分散粒剂	低毒	整个生育期	60~100克/亩	喷雾	4	2
	50%烯酰吗啉可湿性粉剂	低毒	整个生育期	30~40克/亩	喷雾	3	2
	18.7%烯酰·吡唑酯水分散粒剂	低毒	整个生育期	75~125克/亩	喷雾	3	3
枯萎病	3%甲霜·恶霉灵水剂	低毒	整个生育期	50~60毫升/公斤	灌根	3	3
	7.5%混合氨基酸铜水剂	低毒	苗期、结瓜初期	50~60毫升/公斤	灌根	2~3	7
细菌性角斑病	32%唑醌·乙蒜素乳油	中等毒	苗期、结瓜初期	75~94毫升/公斤	喷雾	2	5
	77%氢氧化铜可湿性粉剂	低毒	整个生育期	45~60克/亩	喷雾	3	3
根结线虫	3%噻霉酮可湿性粉剂	低毒	整个生育期	73~88克/亩	喷雾	3	3
	0.5%阿维菌素颗粒剂	低毒	苗期、结瓜初期	3000~4000克/亩	沟施、穴施	1	
调节生长	10%噻唑膦颗粒剂	中等毒	移栽当前	1500~2000克/亩	土壤撒施	1	
	1.4%复硝酚钠水剂	低毒	苗期、结瓜初期	6000~8000倍液	喷雾	2	7
	0.1%氯吡脲可溶液剂	微毒	雌花开花当天或者花前1~3天	50~100倍液	浸瓜胎	1	5
	0.1%噻苯隆可溶液剂	微毒	雌花开花前1天或者当天	200~250倍液	浸瓜胎	1	

无公害蔬菜上适合使用的农药品种及其使用技术（番茄）

防治对象	农药名称	毒性	适宜施药时期	使用剂量（商品量）	使用方法	最多使用次数	施药后距离采摘的天数
白粉虱	25%噻虫嗪水分散粒剂	低毒	苗期、结果初期	1)0.12~0.2克/株;2)2000~4000倍液	1)灌根:2)喷雾	1)1;2)2	1)7;2)3
	70%吡虫啉水分散粒剂	低毒	苗期、结果初期	2~3克/亩	喷雾	2	7
	20%吡虫啉可溶液剂	低毒	整个生育期	7.5~10毫升/亩	喷雾	2	3
	10%氯噻啉可湿性粉剂	低毒	苗期、结果初期	15~30克/亩	喷雾	2	7
	10%溴氰虫酰胺悬浮剂	微毒	整个生育期	40~50克/亩	喷雾	3	3
	240克/升螺虫乙酯悬浮剂	低毒	苗期、结果初期	20~30毫升	喷雾	1	5
蚜虫	20%吡虫啉可溶液剂	低毒	整个生育期	7.5~10毫升/亩	喷雾	2	3
	10%氯噻啉可湿性粉剂	低毒	苗期、结果初期	15~30克/亩	喷雾	2	7
	14%氯虫·高氯氟悬浮剂	中等毒	苗期、结果初期	10~20毫升/亩	喷雾	2	7
	10%溴氰虫酰胺悬浮剂	微毒	整个生育期	40~50克/亩	喷雾	3	3
美洲斑潜蝇	10%溴氰虫酰胺悬浮剂	微毒	整个生育期	40~60克/亩	喷雾	2	7
晚疫病	60%唑醚·代森联水分散剂	低毒	苗期、结果生育期	24~32毫升/亩	喷雾	3	3
	250克/升嘧菌酯悬浮剂	低毒	整个生育期	30~40毫升/亩	喷雾	4	7
	23.4%双炔酰菌胺悬浮剂	低毒	苗期、结果初期	125~150克/亩	喷雾	2	5
	20%丁吡吗啉悬浮剂	低毒	苗期、结果初期	53~67克/亩	喷雾	4	1
	100克/升氰霜唑悬浮剂	低毒	整个生育期	60~75毫升/亩	喷雾	3	3
灰霉病	687.5克/升氟菌·霜霉威悬浮剂	低毒	苗期、结果生育期	75~100毫升/亩	喷雾	3	7
	50%乙烯菌核利水分散粒剂	微毒	苗期、结果初期	75~150毫升/亩	喷雾	3	7
	50克/升己唑醇悬浮剂	低毒	苗期、结果初期	63~94毫升/亩	喷雾	2	3
	400克/升嘧霉胺悬浮剂	低毒	整个生育期	300~400倍液	喷雾	3	3
	20%二氯异氰尿酸钠可溶粉剂	低毒	整个生育期		喷雾	3	3

续表

防治对象	农药名称	毒性	适宜施药时期	使用剂量(商品量)	使用方法	最多使用次数	施药后距离采摘的天数
早疫病	250克/升嘧菌酯悬浮剂	低毒	整个生育期	24~32毫升/亩	喷雾	3	3
	60%唑醚·代森联水分散粒剂	低毒	苗期、结果初期	40~60克/亩	喷雾	2	7
	500克/升异菌脲悬浮剂	低毒	整个生育期	50~100克/亩	喷雾	3	2
叶霉病	75%肟菌·戊唑醇水分散粒剂	低毒	苗期、结果初期	10~15克/亩	喷雾	3	5
	250克/升嘧菌酯悬浮剂	低毒	整个生育期	24~32毫升/亩	喷雾	3	3
线虫	15%阿维·吡虫啉微囊悬浮剂	低毒	苗期、结果初期	300~400克/亩	沟施	1	
	10%噻唑膦颗粒剂	中等毒	移栽当前	1500~2000克/亩	土壤撒施	1	
病毒病	20%吗胍·乙酸铜可湿性粉剂	低毒	苗期、结果初期	167~250毫克/亩	喷雾	3	5
	1.8%复硝酚钠水剂	低毒	整个生育期	15~30克/亩	喷雾		
调节生长	5%萘乙酸水剂	低毒	花期	4000~5000倍液	喷花		
	1.4%复硝酚钠水剂	低毒	苗期、结果初期	6000~8000倍液	喷雾		

无公害蔬菜上适合使用的农药品种及其使用技术（辣椒）

防治对象	农药名称	毒性	适宜施药时期	使用剂量（商品量）	使用方法	最多使用次数	施药后距离采摘的天数
白粉虱	25%噻虫嗪水分散粒剂	低毒	苗期	1) 0.12~0.2克/株； 2) 2000~4000 倍液	灌根；喷雾	1)1;2)2	1)7;2)3
	10%氯噻啉可湿性粉剂	低毒	苗期	15~30 克/亩	喷雾		
	10%溴氰虫酰胺悬浮剂	微毒	苗期	40~50 克/亩	喷雾		
蚜虫	14%氯虫·高氯氟悬浮剂	中等毒	苗期	10~20 毫升/亩	喷雾	2	7
	10%氯噻啉可湿性粉剂	低毒	苗期	15~30 克/亩	喷雾		
	500 克/升氟啶胺悬浮剂	低毒	苗期	25~33 毫升/亩	喷雾	3	7
	60%唑醚·代森联水分散粒剂	低毒	苗期	40~100 克/亩	喷雾	6	7
	50%烯酰吗啉可湿性粉剂	低毒	苗期	30~40 克/亩	喷雾	3	7
疫病	23.4%双炔酰菌胺悬浮剂	低毒	谢花后使用	30~40 毫升/亩	喷雾	3	3
	250 克/升嘧菌酯悬浮剂	低毒	盛果期	32~48 毫升/亩	喷雾	3	3
	20%丁吡吗啉悬浮剂	低毒	盛果期	125~150 克/亩	喷雾	3	5
	68%精甲霜·锰锌水散粒剂	低毒	盛果期	100~120 克/亩	喷雾	2	5
	722 克/升霜霉威盐酸盐水剂	低毒	苗期、结瓜初期	60~100 毫升/亩	喷雾	4	4
	18.7%烯酰·吡唑酯水分散粒剂	低毒	整个生育期	75~125 克/亩	喷雾	3	3
炭疽病	250 克/升嘧菌酯悬浮剂	低毒	盛果期	32~48 毫升/亩	喷雾	5	3
	10%苯醚甲环唑水分散粒剂	低毒	盛果期	50~83 毫升/亩	喷雾	3	3
	30%苯醚·嘧菌酯悬浮剂	低毒	盛果期	25~30 克/亩	喷雾	3	3
病毒病	1.2%辛菌胺醋酸盐水剂	低毒	苗期	200~300 毫升/亩	喷雾	3	3
	50%氯溴异氰尿酸可溶粉剂	低毒	苗期	60~70 克/亩	喷雾	3	7

附件 2

绿色、有机蔬菜上适合使用的农药品种及其使用技术（黄瓜）

防治对象	农药名称	毒性	适宜施药时期	使用剂量（商品量）	使用方法
蚜虫	1.5%苦参碱水剂	低毒	整个生育期	30~40 克/亩	喷雾
	3%多抗霉素可湿性粉剂	低毒	整个生育期	466.7~600 克/亩	喷雾
	0.3%苦参碱水剂	微毒	整个生育期	120~160 克/亩	喷雾
霜霉病	80亿个/话芽孢/毫升地衣芽孢杆菌水剂	低毒	整个生育期	130~260 毫升/亩	喷雾
	0.5%小檗碱水剂	微毒	整个生育期	167~280 毫升/亩	喷雾
	0.5%几丁聚糖水剂	微毒	整个生育期	300~500 倍液	喷雾
灰霉病	2亿个/克木霉菌可湿性粉剂	低毒	整个生育期	125~250 克/亩	喷雾
	25亿克坚瓶芽孢杆菌可湿性粉剂	低毒	整个生育期	50~70 克/亩	喷雾
细菌性角斑病	3%中生菌素可湿性粉剂	低毒	整个生育期	80~110 克/亩	喷雾
	2%春雷霉素水剂	低毒	整个生育期	140~175 毫升/亩	喷雾
	41%乙蒜素乳油	中等毒	苗期、结瓜初期	1000~1250 倍液	喷雾
白粉病	0.5%小檗碱水剂	微毒	整个生育期	167~280 毫升/亩	喷雾
	0.5%几丁聚糖水剂	微毒	整个生育期	300~500 倍液	喷雾
	1%蛇床子素水乳剂	微毒	整个生育期	150~200 克/亩	喷雾
	2%武夷菌素水剂	低毒	苗期、结瓜期	176.7~333 克/亩	喷雾
	4%嘧啶核苷类抗菌素水剂	低毒	苗期、结瓜初期	6.7~20 克/亩	喷雾
	0.05%核苷酸水剂	低毒	开花前1周、幼果期	400~600 倍液	喷雾
调节生长	0.11%吲哚乙酸水剂	低毒	1）播种；2）苗期和花期	1）0.75~1 毫升/公斤种子；2）6~12 毫升/亩	1）浸种；2）喷雾
	0.136%赤·吲乙·芸苔可湿性粉剂	低毒	移栽定植后，开花期5-7天	7~14 克/亩	喷雾
	0.003%丙酰芸苔素内酯水剂	低毒	开花前1周	3000~5000 倍液	喷雾

绿色、有机蔬菜上适合使用的农药品种及其使用技术（番茄）

防治对象	农药名称	毒性	适宜施药时期	使用剂量（商品量）	使用方法
蚜虫	1.0%苦皮藤素乳剂	低毒	整个生育期	30～40 克/亩	喷雾
晚疫病	100万孢子/克莱雄霉素可湿性粉剂	低毒	整个生育期	187～250 毫升/亩	喷雾
	0.5%氨基寡糖素水剂	低毒	整个生育期	187～250 毫升/亩	喷雾
	2%几丁聚糖素水剂	微毒	整个生育期	100～150 毫升/亩	喷雾
早疫病	3%多抗霉素可湿性粉剂	低毒	整个生育期	356～600 克/亩	喷雾
	3%多抗霉素可湿性粉剂	低毒	整个生育期	356～600 克/亩	喷雾
	4%嘧啶核苷类抗菌素水剂	低毒	苗期、结果初期	6.7～20 克/亩	喷雾
叶霉病	0.5%小檗碱水剂	微毒	整个生育期	187～280 毫升/亩	喷雾
	3%多抗霉素可湿性粉剂	低毒	整个生育期	125～187.5 克/亩	喷雾
	2%春雷霉素水剂	低毒	整个生育期	400～500 倍液	喷雾
灰霉病	1%长川霉素乳油	低毒	苗期、结果初期	400～800 毫升/亩	喷雾
	0.3%丁子香酚可溶液剂	低毒	整个生育期	90～120 克/亩	喷雾
	0.5%小檗碱水剂	微毒	整个生育期	187～280 毫升/亩	喷雾
线虫	2亿活孢子/克浓紫拟青霉粉剂	低毒	整个生育期	2500～3000 克/亩	沟施或穴施
病毒病	0.5%葡聚烯糖可溶粉剂	微毒	整个生育期	10～12.5 克/亩	喷雾
	2%宁南霉素水剂	低毒	整个生育期	300～400 克/亩	喷雾
	0.5%香菇多糖水剂	低毒	整个生育期	166～250 毫克/亩	喷雾
	0.5%几丁聚糖水剂	微毒	整个生育期	300～500 倍液	喷雾
	0.5%氨基寡糖素可湿性粉剂	低毒	整个生育期	0.2～0.3 克/千克	喷雾
	3%超敏蛋白蛋白微粒剂	低毒	移栽期、初花期、幼果期、成熟期	500～1000 倍液	喷雾
	0.11%吲哚乙酸水剂	低毒	1）播种；2）苗期和花期	1）0.75～1毫升/公斤种子；2）10～15 毫升/亩	1）浸种；2）喷雾

绿色、有机蔬菜上适合使用的农药品种及其使用技术（辣椒）

防治对象	农药名称	毒性	适宜施药时期	使用剂量（商品量）	使用方法
蚜虫	1.5%苦皮藤水乳剂	低毒	整个生育期	30～40 克/亩	喷雾
红蜘蛛	0.5%藜芦碱可溶液剂	低毒	整个生育期	120～140 克/亩	喷雾
调节生长	0.01%芸苔内酯可溶液剂	低毒	初花期、座果期	2500～5000 倍液	喷雾
	3%超敏蛋白微粒剂	低毒	移栽期、初花期、幼果期、成熟期	500～1000 倍液	喷雾

日光温室常用农药及选购注意事项

一、农药的类别

（一）防治对象分类法

1. 杀虫剂

用于防治有害昆虫的物质。如敌杀死（溴氰菊酯）、灭扫利（甲氰菊酯）、艾美乐（吡虫啉）、康宽（氯虫苯甲酰胺）、奥得腾（氯虫苯甲酰胺）、亩旺特（螺虫乙酯）、护瑞（呋虫胺）、特福力（氟啶虫胺腈）、维瑞玛（溴氰虫酰胺）、锐师（联苯·噻虫嗪）、斑潜净（阿维·杀虫单）、9080（四氯虫酰胺）等。

2. 杀螨剂

用于防治有害螨类的物质。如克螨特（炔螨特）、螨危（螺螨酯）、来福禄（乙螨唑）、中保杀螨（阿维·哒螨灵）、伏珠（阿维·唑螨酯）、兴农满双雄（四螨·苯丁锡）、满靶标（螺螨酯）等。

3. 杀菌剂

用于防治植物病原微生物的物质。如安泰生（丙森锌）、绿大生（代森锰锌）、喜多生（丙森锌）、可杀得叁千（氢氧化铜）、阿米西达（嘧菌酯）、瑞苗清（甲霜·噁霉灵）、卫福（萎锈·福美双）、银法利（氟菌·霜霉威）、抑快净（噁酮·霜脲氰）、快适（氟吗·乙铝）、施佳乐（嘧霉胺）、速克灵（腐霉利）、凯泽（啶酰菌胺）、迈锐（嘧霉·异菌脲）、博锐（苯醚甲环唑）、露娜森（氟菌·肟菌酯）、拿敌稳（肟菌·戊唑醇）、欧得（氟环唑）、翠富（戊唑醇）、富力库（戊唑醇）、金雷（精甲霜·锰锌）、赛深（甲霜·锰锌）、阿泰灵（寡糖·链蛋白）、冠蓝（枯草芽孢杆菌）、京彩（苯醚·嘧菌酯）、包正青（异菌脲）等。

4. 除草剂

用于防除农田、林地和其他场所杂草的物质。如使它隆(氯氟吡氧乙酸)、龙拳（二氯吡啶酸）、盖草能（高效氟吡甲禾灵）、麦施达（双氟·滴辛酯）、保试达（草铵膦）、玉皇后（硝·乙·莠去津）、爱玉优(噻酮·异噁唑）等。

5. 杀线虫剂

用于防治植物病源线虫的物质。如福气多（噻唑膦）、噻维粒（噻唑膦）、路福达（氟吡菌酰胺）等。

6. 杀鼠剂

用于防治害鼠的物质。如立克命（杀鼠醚）等。

7. 植物生长调节剂

对植物生长发育（包括萌发、生长、开花、受精、成熟及脱落等过程）具有抑制、刺激和促进等作用的物质。如28高芸苔（芸苔素内酯）、中保喷旺（烯腺·羟烯腺）、碧护（赤·吲哚·芸苔）、多效唑（PP333）、赤霉酸等。

（二）原料来源分类法

1. 无机农药

这类农药是不含有机碳素的化合物。主要由天然矿物原料制成。如氢氧化铜、硫酸铜、氧化亚铜、硫磺、波尔多液等。

2. 有机农药

这类农药都是由有机碳素化合物构成的。优点是浓度高、用量少、作用迅速、用途广、储藏稳定性好，是当今农药的主体。缺点是农药污染农产品和环境，易使有害生物产生抗药性。有些品种特别是除草剂对作物安全性差，对人畜健康危害较大。目前生产上使用的杀虫剂最主要有：有机磷类（辛硫磷、毒死蜱等）、拟虫菊酯类（溴氰菊酯、甲氰菊酯等）、氨基甲酸酯类（抗蚜威、异丙威等）、有机硫类等；杀菌剂主要有：有机硫类（乙蒜素、代森锌、代森锰锌等）、取代苯类（甲基硫菌灵、甲霜灵等）、有机杂环类（丙环唑、多菌灵等）；除草剂主要有：苯氧羧酸类（2,4-滴丁酯、吡氟禾草灵等）、苯胺类（氟乐灵、仲丁灵）、酰胺类（异丙甲草胺等）、氨基甲酸酯类（野麦畏等）、取代脲类（绿麦隆等）、三氮苯类（莠去津等）、有机杂环类（百草枯、吡氟乙草灵等）、其他类（草甘膦、溴苯腈等）。

3. 植物源农药

这类农药是从天然植物中提取而来的，所含有效成分是天然化合物。如印楝素、苦参碱、烟碱等。优点是对人畜安全性高、对植物无害，多数对有害生物不易产生抗药性。缺点是制剂浓度低、用量大、药效低、防治谱窄、速效性和持效期差、储藏稳定性差。

4. 微生物农药

这类农药是用微生物及其代谢产物制成的。其特点是药效高，对有益生物无害或杀伤力小、不污染环境，对有害生物也不易产生抗药性，但缺点是防治谱比较窄、速效性差。目前生产上使用的有真菌类、细菌类和病毒类，主要品种有阿维菌素、农用硫酸链霉素、多杀菌素等。

二、农药的剂型

1. 水分散粒剂（WG）

水分散粒剂是将难溶于水的固体粉末经超级粉碎后，借助分散剂、润湿剂、填料等助剂能在水相介质中快速地崩解，均匀地分散悬浮于水相介质中。这种剂型要求脱落率低，产品中不夹有粉末，且流动性能好，使用方便，无粉尘飞扬，很安全，是目前大力推广的环保型剂型。如70%艾美乐（吡虫啉）水分散粒剂、75%拿敌稳（肟菌·戊唑醇）水分散粒剂、52.5%抑快净（噁酮·霜脲氰）水分散粒剂、50%凯泽（啶酰菌胺）水分散粒剂、68%金雷（精甲霜·锰锌）水分散粒剂、46%可杀得叁千（氢氧化铜）水分散粒剂、50%快适（氟吗·乙铝）水分散粒剂、68.75%易保（噁酮·锰锌）水分散粒剂、35%奥得腾（氯虫苯甲酰胺）水分散粒剂、80%迈锐（嘧霉·异菌脲）水分散粒剂、37%博锐（苯醚甲环唑）水分散粒剂等。

2. 可分散油悬浮剂（OD）

可分散油悬浮剂是指有效成分的微粒及其助剂能稳定分散在非水质的液体中，用水稀释后使用。也是近年联合国粮农组织（FAO）最新认定、推介的优良剂型。如10%增威赢绿（氟噻唑乙酮）可分散油悬浮剂等。

3. 可溶粒剂（SG）

可溶粒剂是用原药、载体和辅助剂制成的微小颗粒状制剂，入水后能均匀溶解在水中，能够完全溶解，有效成分利用率极高，基本上能够达到90%以上，是一种特别先进的剂型，符合国际农药剂型的发展方向。如20%护瑞（呋虫胺）可溶粒剂、75%龙拳（二氯吡啶酸）可溶粒剂等。

4. 可溶液剂（SL）

可溶液剂是指农药活性成分与非水介质（亲水性极性溶剂）形成的透明溶液剂型，用水稀释后得到的稀释液仍为透明溶液。也是近年新研发的新型先进剂型。如18%保试达（草铵膦）可溶液剂等。

5. 可湿性粉剂（WP）

可湿性粉剂是将常温下固体的原药、湿润剂和填料，经机械研磨、混匀而制成的粉状制剂。使用时用水配成悬浮剂喷雾，也可用于日光温室、塑料大棚及大田作物的灌根、土壤处理、药剂拌(浸)种。此剂型加工工艺简单、价格也较低，但其缺点是溶解性较差，且易沉淀，容易污染果面。如70%安泰生（丙森锌）可湿性粉剂、80%绿大生（代森锰锌）可湿性粉剂、50%速克灵（腐霉利）可湿性粉剂、50%兴农悦购（腐霉利）可湿性粉剂、50%兴农包正青（异菌脲）可湿性粉剂、72%克露（霜脲·锰锌）可湿性粉剂、72%兴农妥冻（霜脲·锰锌）可湿性粉剂、70%赛深（甲霜·锰锌）可湿性粉剂、64%杀毒矾（噁霜·锰锌）可湿性粉剂、80%

金络（代森锰锌）可湿性粉剂、70%甲基硫菌灵可湿性粉剂、6%阿泰灵（寡糖·链蛋白）可湿性粉剂等。

6. 可溶性粉剂（SP）

可溶性粉剂是指可溶于水的粉剂农药。由水溶性较大的农药原药，或水溶性较差的原药附加了亲水基，与水溶性无机盐和吸附剂等混合磨细后制成。有效成分含量高，一般在50%以上，有的高达90%，与可湿性粉剂一样需兑水喷雾。可溶性粉剂细度均匀、流动性好、易于计量、水中溶解速度快，与可湿性粉剂、悬浮剂及乳油相比，更能充分发挥药效。如72%农用硫酸链霉素可溶性粉剂、20%赤霉酸可溶性粉剂等。

7. 悬浮剂（SC）

悬浮剂是将原粉、润湿剂、悬浮剂、分散剂混合，在水中经多次研磨而成。贮存时间较长时会在瓶中出现沉淀，使用时应摇晃均匀再配药。可用于日光温室、塑料大棚及大田作物喷雾或灌根，施用时需摇匀方可使用。如40%施佳乐（嘧霉胺）悬浮剂、43%翠富（戊唑醇）悬浮剂、22.4%亩旺特（螺虫乙酯）悬浮剂、24%螨危（螺螨酯）悬浮剂、11%来福禄（乙螨唑）悬浮剂、42.8%露娜森（氟菌·肟菌酯）悬浮剂、22.5%阿托（啶氧菌酯）悬浮剂、43%富力库（戊唑醇）悬浮剂、40%卫福（萎锈·福美双）悬浮剂、19%维瑞玛（溴氰虫酰胺）悬浮剂、32.5%中保京彩（苯醚·嘧菌酯）悬浮剂等。

8. 微乳剂（ME）

微乳剂是由液态农药、表面活性剂、水、稳定剂等组成，属于各向同性的、热力学稳定的、外观是透明或半透明的、单相流动的分散体系。其特点是以水为介质，不含或少含有机溶剂，因而不燃不爆、生产操作、贮运安全、环境污染少；农药分散度极高，达微细化程度，外观近似于透明或微透明液；在水中分散性好，对靶体渗透性强、附着力好。该剂也属于液态农药剂型非溶剂化剂型，被人们称为"绿色"农药制剂，有逐渐取代传统乳油的趋势。常用的有10%中保天沐（苯醚甲环唑）微乳剂、20%中保斑潜净（阿维·杀虫单）微乳剂、20%丙环唑微乳剂等。

9. 乳油（EC）

乳油是用原药、乳化剂和溶剂按一定的比例加工制成的单相均匀液体，加水后可形成乳状液。有效成分含量高、在植物表面润湿性好、黏着性强、药效高、使用方便、性质稳定，但易燃。日光温室、塑料大棚及大田作物中土壤处理、药剂拌种、灌根和喷雾常用的杀虫剂和杀菌剂多是该剂型。如40%高照（氟硅唑）乳油、2.5%敌杀死（溴氰菊酯）乳油、20%灭扫利（甲氰菊酯）乳油、73%克螨特（炔螨特）乳油、45%乐斯本（毒死蜱）乳油、0.01%28高芸苔（芸苔素内酯）乳油、20%使它隆（氯氟吡氧乙酸）乳油、10.8%盖草能（高效氟吡甲禾灵）乳油、中保杀螨（阿维·哒螨灵）等。

10. 水剂（AS）

水剂是一些能够溶于水的原药，直接用水配制而成的剂型。制剂的浓度仅取决于有效的水溶解度，一般在使用时再加水稀释。用于日光温室、塑料大棚及大田作物喷雾或灌根。如72.2%普力克（霜霉威）水剂、30%瑞苗清（甲霜·噁霉灵）水剂等。

11. 粉尘（DP）

粉尘剂是专用于温室喷粉的剂型，其加工的细度较粉剂要高得多，喷粉后可在温室内形成飘尘，弥漫于温室空间，可降低室内湿度。如5%百菌清粉剂、5%脲霜·锰锌粉剂、6.5%乙霉威粉剂、10%腐霉利粉剂等。

12. 颗粒剂（GR）

颗粒剂是用原药、载体和辅助剂制成的颗粒状制剂，分为遇水不能分散开的非解体性颗粒剂和遇水能分散开的解体性颗粒剂二种。其特点是可控制有效成分的释放速度，延长持效期，主要用于土壤处理，防治土传病害和地下害虫。如10%福气多（噻唑膦）颗粒剂、10%噻维粒（噻唑膦）颗粒剂、15%乐斯本（毒死蜱）颗粒剂等。

13. 烟剂（FU）

烟剂是用原药、燃料、氧化剂、消燃剂等成分制成的粉状混合物，点燃后能够燃烧，但不产生明火。农药的有效成分因受热而气化，在空气中冷却后凝聚成固体微粒，沉积在植物和病虫体上而被病虫吸收起到毒杀作用。同时使用烟剂可降低室内湿度，是日光温室、塑料大棚专用的剂型。如15%异丙威无木烟剂、20%百菌清无木烟剂、45%腐霉利烟剂等。

14. 种子包衣剂（FS）

种子包衣剂是将水溶性的黏着剂、表面活性剂、着色剂、悬浮剂和溶剂等组成载体，选择适宜的高效肥、杀菌剂、杀虫剂、微量元素、植物激素等作为被载体，制成包衣材料，通过机械或人工把包衣剂均匀地包在种子表面，干燥后固化成膜。如60%高巧（吡虫啉）悬浮种衣剂、2.5%适乐时（咯菌腈）悬浮种衣剂、40%卫福（萎锈·福美双）悬浮种衣剂、11%宝路（精甲·咯·嘧菌）悬浮种衣剂等。

三、选购农药应注意事项

1. 依据田间诊断结果，选购对路的农药品种。

2. 购买农药应到有农药经营资质的、有信誉的门店去选购，以防上当受骗，延误防治时期。

3. 对植保书籍、技术人员及农药经营商推荐介绍的农药品种，购买前应认真查看、询问该农药的登记证号、通用名称、商品名称、剂型、有效成分含量、生产日期、使用说明、注意事项及价格等。

4. 从生产实践看，进口农药虽然价格较高，但质量一般有保证，且防治效果好，整体投入少。尤其国外农药生产厂商在中国登记的杀虫剂、杀菌剂，对温室作物病虫害的控制效果大多是理想的。购买农药时，应以质量为首选，再考虑价格因素，不要图便宜购买过期、劣质、假冒农药，以免影响防治效果，贻误防治时期，造成严重损失。

5. 为防止购买假冒劣质农药，可用以下简易方法识别：将乳油或胶悬剂农药摇匀，静置1小时左右，如果出现油水分离、分层、浑浊不清、悬浮絮状或粒状物、沉淀颜色上浅下深等情况，则说明该农药可能已失效。粉剂或可湿性粉剂，如形成团状或块状，手捏能成团，原来的颜色变化或消失，则为变质失效。

6. 购买农药应向农药经销商索要发票，一旦发现该农药有问题，可凭其协商解决。若因农药质量问题引致药害，应及时向农药、工商、技术监督等有关部门投诉。

四、常用农药介绍

（一）杀虫（螨、线虫）剂

1. 乐斯本通用名称为毒死蜱，中等毒性，具有胃毒、触杀、熏蒸作用，在土壤中残留期长，对地下害虫防治效果好。防治地下害虫每亩用5%颗粒剂2~3千克拌细干土20~50千克进行土壤处理，或用40%乳油200毫升兑水100千克灌浇。不能与碱性农药混用。安全间隔期7天。

2. 避蚜雾通用名称为抗蚜威，中等毒性，具有触杀、熏蒸和叶面渗透作用，能防治除棉蚜（瓜蚜）以外对有机磷杀虫剂产生抗性的所有蚜虫，对预防蚜虫传播的病毒病有较好的防效。可于蚜虫低龄若虫高峰期每亩用50%可湿性粉剂2500~3000倍液喷雾。安全间隔期11天。

3. 康福多通用名称为吡虫啉，又名大功臣、一遍净、蚜虱净、高巧等。具有触杀和胃毒作用，对蚜虫、粉虱等刺吸式口器害虫有特效，同时可兼治多种潜叶蝇等害虫。用于防治蔬菜田白粉虱、蚜虫等害虫，可用10%可湿性粉剂2500倍液喷雾，或用40%浓可溶剂4000倍液喷雾。不可与强碱性物质混用；对白菜、瓜类、豆类幼苗敏感。安全间隔期7天。

4. 氯氰菊酯，又名安绿宝、灭百可等。是拟虫菊酯类杀虫剂，对人、畜毒性中等，对害虫有触杀和胃毒作用，对鳞翅目幼虫和蚜虫高效。防治蔬菜蚜虫可用10%乳油3000倍液喷雾。不能与碱性农药混用；勿随意增加用药量与用药次数；提倡与非菊酯类农药交替使用，以延缓害虫抗药性的产生。安全间隔期5天。

5. 劲彪通用名称为氟氯氢菊酯，又名百树菊酯、百树得。低毒，以触杀和胃毒为主，无内吸及熏蒸作用。杀虫谱广、作用迅速、持效期长、用量少、防效高。蔬菜蚜虫2500~4000倍液喷雾防治。不能与碱性农药混用。安全间隔期21天。

6. 阿维菌素，又名齐墩霉素、害极灭、齐螨素、杀虫素、虫螨广等。是高效、低毒、广谱的杀虫、杀螨、杀线虫抗生素，对昆虫和螨类具有胃毒和触杀作用。防治斑潜蝇可用 1.8% 乳油 2500 倍液于卵孵高峰期喷雾；防治螨类可用 1.8% 乳油 5000~8000 倍液于若螨高峰期喷雾。配好的药液应当日使用，尽可能在阴天或清晨、傍晚施用，以免光解。安全间隔期 7 天。

7. 楝素又名蔬果净。属低毒植物杀虫剂，具有胃毒、触杀和拒食作用。在十字花科蔬菜蚜虫发生盛期，每亩用 0.5% 乳油制剂 40~60 克，兑水 40~60 千克均匀喷雾，常用 1000 倍液喷雾，叶背和心叶要喷到。不能与碱性农药混用，使用时可加入喷药量 0.03% 的洗衣粉；该药作用较慢，一般 1 天后发挥作用，所以不要随意增大药量。

8. 扑虱灵又名优乐得。低毒，是一种选择性强的昆虫生长调节剂，对粉虱有特效。可防治温室黄瓜、番茄等蔬菜的白粉虱，在低龄若虫盛发期，用 25% 可湿性粉剂 2000~2500 倍液喷雾。应注意喷雾要均匀、周到；该药对白菜、萝卜敏感，使用时要特别注意。安全间隔期 10 天。

9. 克螨特又名奥美特，低毒广谱性有机硫杀螨剂，具有触杀和胃毒作用，对成螨、若螨有效，对天敌安全。可防治各种螨类，尤其对其他杀螨剂较难防治的二斑叶螨有特效。防治蔬菜害螨，可于害螨盛发期，每亩用 73% 克螨特乳油 30~50 毫升，兑水 75~100 千克均匀喷雾。因该药无渗透作用，故喷雾应力求均匀周到。

10. 螨危通用名称为季酮螨酯，内吸性叶面处理杀螨剂，与其他现有的杀螨剂之间无交互抗性。具有杀螨谱广，对卵和幼（若）螨特效；生物活性高、用药量低、持效期长，一般可达 40~50 天；低毒、低残留，对环境和有益生物安全；可以和现有的杀螨剂混用。蔬菜、葡萄等作物害螨为害初期，可用 24% 螨危悬浮剂 4000~6000 倍液全株喷雾防治。一个生长季节施用螨危最多不能超过 2 次；建议与其他速效性强的杀螨剂混用；应避开果树开花期。

11. 哒螨酮又名哒螨宁（灵）、速螨酮、扫螨净、牵牛星、哒螨净、灭螨灵等。中等毒性，广谱、触杀性杀螨剂，对卵、若螨和成螨均有很好的防治效果，且有速效和残效期长、与目前常用杀螨剂无交互抗性等特点。防治蔬菜害螨可用 15%乳油或 20%可湿性粉剂 3000~5000 倍液喷雾。不能与碱性农药混用。施药时叶片正反两面均应均匀喷雾。安全间隔期 5 天。

12. 中保杀螨属阿维菌素和哒螨酮的混配制剂。是高效、低毒、广谱的杀螨剂，速效性好，持效性强，对螨类具有胃毒和触杀作用。防治螨类可用 8%乳油 2500 倍液于若螨高峰期喷雾。安全间隔期 7 天。

13. 噻唑膦商品名称福气多。是具有触杀及内吸传导性能的新型高效、低毒杀线虫剂，能有效防止线虫侵入植物体内，杀死侵入植物体内的线虫，持效期可达 2~3 个月，施用效果不受土壤条件影响。种植前每亩用 10%颗粒剂 1.5~2.0 千克，拌细土 40~50 千克，均匀撒施于土表或畦面，再翻入 15~20 厘米耕层，也可均匀撒施于沟内或定植穴内，再浅覆土，施药后当日即可播种或定植，并尽量缩短施药与播种、定植的间隔时间。

（二）杀菌剂

1. 多抗霉素又名宝丽安。属广谱性抗生素杀菌剂，低毒，具有较好的内吸传导作用。防治番茄叶霉病、黄瓜霜霉病、白粉病，可在发病初期，每亩每次用 10%可湿性粉剂 100~140 克兑水喷雾，然后视病情于 7 天后进行补防。

2. 世高通用名称为恶醚唑。是一种广谱、高效，兼具保护、治疗、铲除三重作用的新型杀菌剂，对番茄、黄瓜、茄子、辣椒、瓜类、蔬菜、葡萄、花卉作物的早疫病、叶霉病、叶枯病、炭疽病、黑星病、白粉病、斑枯病等均有特效，一次用药可防治多种病害。在发病初期用 1500~2000 倍液喷雾；发病中期，用 1500 倍液喷雾。

3. 福星通用名称为氟硅唑。是一种高效、低毒、广谱、内吸性三唑类杀菌剂，对子囊菌、担子菌、半知菌所引起的病害均有特效，适用于蔬菜、瓜类、果树、豆类、作物的病害防治，特别是对白粉病、叶霉病、叶斑病、蔓枯病、黑星病、锈病有特效，发病初期可用 40%福星乳油 8000~10000 倍液喷雾。

4. 农用链霉素是低毒、广谱、内吸性杀菌剂，可用于防治蔬菜上的多种细菌性病害。防治黄瓜细菌性角斑病、菜豆细菌性疫病、芹菜细菌性叶斑病、大白菜软腐病等，可于发病初期用 72%农用链霉素 1000~2000 倍液喷雾。安全间隔期 15 天。

5. 普力克又名霜霉威，内吸性杀菌剂，低毒，适于土壤施药和叶面喷雾。可防治由腐霉和疫霉菌引起的土壤传播病害，以及由霜霉引起的叶部病害，能刺激植物生长。防治黄瓜霜霉病可用 72.2%水剂 600~1000 倍液喷雾；播种及幼苗移栽时，用 72.2%水剂 400~600 倍液浇灌土壤，防治黄瓜、辣椒腐霉病、疫霉病。安全间隔期 3 天。

6. 甲霜灵通用名称为瑞毒霉。在弱酸、弱碱中稳定，低毒，是一种非内吸性广谱杀菌剂。防治番茄早疫病、晚疫病、叶霉病、斑枯病，每亩可用 75%可湿性粉剂 135~150 克，兑水 60~80 千克喷雾；同样浓度喷雾也可防治瓜类霜霉病、炭疽病。安全间隔期为 7 天。

7. 多菌灵是一种高效、低毒、广谱、内吸性杀菌剂，具有保护和治疗双重作用。防治蔬菜苗床猝倒病可用 50%可湿性粉剂每平方米 8 克拌细土均匀撒在床上；番茄早疫病可于中心病株初显后，用 45%烟剂每亩 120~180 克熏烟，7 天 1 次，连熏 3~4 次，或用 40%胶悬剂 500~600 倍液喷雾；瓜类枯萎病可用 40%胶悬剂按种子重量的 0.6%拌种，或在播种时用 50%可湿性粉剂 50 克加细土 20 千克制成药土，每穴内施入 100 克药土后播种，或在发病初期用 40%胶悬剂 600 倍液灌根，每株灌 200~250 毫升，隔 7 天 1 次，共灌 3 次，也可兼治瓜类蔓枯病；瓜类炭疽病可于初花期用 50%可湿性粉剂 500 倍液喷雾，间隔 10 天再喷 1 次。安全间隔期 7 天。

8. 达科宁通用名称为百菌清。是一种低毒、非内吸性杀菌剂，主要有保护作用，也有一定的治疗作用。剂型为 75%可湿性粉剂。防治西瓜炭疽病、甜瓜霜霉病可于发病初期用 500 倍液喷雾；对黄瓜霜霉病、黄瓜疫病、黄瓜黑星病、番茄晚疫病、番茄斑枯病，在发病初期用 600 倍液喷雾；番茄早疫病在育苗期用 400 倍液喷雾，发病后用 400 倍液涂病部。葡萄白粉病从病害始见期开始，可用 800 倍液喷雾，与其他杀菌剂交替使用，每隔 15 天用药 1 次。不能与石硫合剂、波尔多液混用。安全间隔期 10 天。

9. 代森锰锌又名大生、喷克、速克净等。是一高效、低毒、广谱的保护性杀菌剂，可与内吸性杀菌剂混用，延缓抗性的产生。防治番茄早疫病在开始发病时、番茄晚疫病在发现中心病株时用 70% 可湿性粉剂 500 倍液喷雾，隔 7~10 天喷 1 次；瓜类炭疽病、辣椒炭疽病、菜豆炭疽病在发病初期用 70% 可湿性粉剂 400~500 倍液，隔 7~10 天喷 1 次；黄瓜霜霉病用 75% 干悬浮剂 125~150 克，于移栽前苗床喷药 1~2 次，移栽后发病前或发病初期每 7~10 天喷 1 次；防治葡萄霜霉病，于发病初期用 70% 可湿性粉剂 600~800 倍液喷雾，每 15 天喷 1 次；可与甲霜灵、乙磷铝、波尔多液交替使用，同时可兼防炭疽病、褐斑病等。不能与碱性农药、肥料或含铜剂混用。安全间隔期 10 天。

10. 甲基硫菌灵又名甲基托布津。是一种低毒、广谱内吸性杀菌剂，具有保护和内吸治疗作用。防治瓜类白粉病、炭疽病和番茄叶霉病，可于发病初期用 50% 可湿性粉剂 1000~1.500 倍液，或 70% 可湿性粉剂 1500~2000 倍液喷雾，隔 7~10 天 1 次；葡萄白粉病、炭疽病、黑痘病，用 50% 可湿性粉剂 700~1000 倍液或 70% 可湿性粉剂 1000~1500 倍液喷雾。不能与碱性药、肥及铜制剂混用；连续使用易产生抗药性；不宜与多菌灵轮换使用；果实采收前 14 天禁止使用。

11. 速克灵通用名称腐霉利。是一种新型的具有保护和治疗作用的内吸性杀菌剂，对高湿低温条件下发生的灰霉病、菌核病和对甲基托布津、多菌灵具抗性的病原菌有特效。该药低毒，除碱性药、肥及有机磷农药外，可与其他大多数农药混用。防治番茄、黄瓜、茄子、葡萄、草莓的灰霉病和黄瓜霜霉病，可于发病初期用 50% 速克灵可湿性粉剂 1500~3000 倍液喷雾，间隔 7~15 天。在幼苗、弱苗、高温高湿条件下喷洒，以及在番茄、萝卜、白菜喷洒时，其浓度要控制在 2000 倍液以上，避免药害产生；长时间单一使用易产生抗药性，应与其他杀菌剂交替使用。安全间隔期1天。

12. 扑海因通用名称为异菌脲。是一种低毒、广谱、触杀型保护性杀菌剂，对灰霉病、早疫病、菌核病有特效。防治番茄早疫病、灰霉病、菌核病和黄瓜灰霉病、菌核病，在发病初期用50%可湿性粉剂或50%悬浮剂1500倍液喷雾，隔14天喷药1次；防治葡萄灰霉病可在葡萄花托脱落、葡萄串停止生长、成熟开始和收获前3周各施药1次，若始花期开始发病，可加施1次药，每次每亩用50%悬浮剂60~100毫升兑水喷雾。不能与腐霉利、乙烯菌核利等作用方式相同的杀菌剂混用或轮用；不能与强碱性或强酸性药剂混用；在病害发生初期或高峰前施药，效果较佳。安全间隔期7天。

13. 烯唑醇又名速保利、特谱唑、禾果利等。中等毒性，是一种新型、高效、广谱性杀菌剂，具有保护、治疗和内吸向上传导作用。防治瓜类、茄果类白粉病，在发病初期用12.5%可湿性粉剂4000~5000倍液喷雾。不能与碱性农药、化肥混用；对作物生长有抑制作用，施药时要严格掌握剂量，蔬菜苗期慎用。安全间隔期10天。

14. 乙磷铝，又名疫霉灵、疫霜灵。是一种具有保护和治疗作用的高效、低毒、内吸性有机磷杀菌剂，对疫霉、霜霉等藻菌纲真菌引起的病害有良好的效果。防治甜瓜霜霉病于发病初期用40%可湿性粉剂400倍液喷雾，隔7天再喷1次；黄瓜霜霉病、葱类霜霉病、菠菜霜霉病和番茄疫病、辣椒疫病、韭菜疫病及茄子绵疫病，可于发病初期用40%可湿性粉剂200倍液喷雾，隔7天再喷1次，共喷2~3次；葡萄白腐病、炭疽病、霜霉病，可于发病初期用40%可湿性粉剂250~300倍液喷雾。不能与碱性农药、化肥混用；黄瓜幼苗期施药，应适当降低使用浓度，否则会发生药害；与代森锰锌、多菌灵混用，能提高防效。安全间隔期7天。

15. 菌毒清属低毒、广谱内吸性氨基酸类杀菌剂，对真菌、细菌和病毒引起的多种病害具有良好的杀灭和抑制作用。防治番茄、辣椒病毒病，在发病初期用5%水剂200~300倍液喷雾，7~10天再喷1次；葡萄霜霉病、白霉病、炭疽病，于发病初期用5%水剂400~600倍液喷雾，隔10

天再喷1次。不宜与其他农药混用；冬季气温低时会出现少量结晶，但不影响使用效果。安全间隔期5天。

16. 病毒灵属生物性低毒农药，对番茄等多种蔬菜病毒病具有保护、纯化与治疗作用，与其他病毒抑制剂轮换使用，防病毒病效果会更好。防治番茄等蔬菜病毒病，用20%悬浮剂400~600倍液，在病害始发期及时均匀喷雾一次，再交替使用病毒A与植病灵等病毒抑制剂，可有效控制多种病毒病的发生。注意该药不能与碱性物质混用，以免降低防效；喷洒要细致周到，可提高防效；本剂应存放在阴凉干燥处。

17. 杀毒矾通用名称恶霜·锰锌。是恶霜灵和代森锰锌的混合制剂，低毒，具有接触杀菌和内吸传导性。防治番茄晚疫病、黄瓜霜霉病、黄瓜疫病、茄子绵疫病、辣椒疫病、白菜霜霉病、葡萄霜霉病、葡萄褐斑病、葡萄褐腐病等，应在发病前或发病初期喷雾。一般每亩用64%可湿性粉剂120~170克，兑水50~100千克喷雾，间隔10~12天。若病情严重时可缩短间隔期，或加大用药量。施药应在气温低时进行，晴天空气相对湿度小于65%、气温高于28℃应停止施药；不要与碱性农药、化肥混用。在黄瓜上的安全间隔期为3天。

18. 克露通用名称霜脲·锰锌。是霜脲氰和代森锰锌的混合制剂，低毒，具有内吸作用。防治黄瓜霜霉病，在发病之前或发病初期施药，每隔7天1次，每次每亩用72%可湿性粉剂133~167克，兑水75千克均匀喷雾。安全间隔期为5天。

19. 金雷又名甲霜灵锰锌、瑞毒霉锰锌。是甲霜灵（瑞毒霉）和代森锰锌的混合制剂，低毒，具有保护和治疗作用，杀菌谱广，内吸性强，对蔬菜上的霜霉菌、疫霉菌、腐霉菌、炭疽菌等所引起的多种病害有效。防治黄瓜霜霉病、黄瓜疫病、番茄晚疫病、番茄疫病、辣椒疫病、茄子绵疫病、茄子早疫病、茄子褐纹病等，可于初见病斑（病株）时用53%水分散粒剂500倍液喷第1次药，以后每隔7~10天喷药1次。施药应在早晨气温低时进行，空气相对湿度低于65%、气温大于28℃应停止施药。安全间隔期为1天。

20. 农利灵通用名称为乙烯菌核利。低毒，触杀性杀菌剂，对蔬菜作物的灰霉病、褐斑病、菌核病有良好的防治效果。防治黄瓜灰霉病、番茄灰霉病、番茄早疫病，于发病初期开始喷药，每次每亩用50%干悬浮剂75~100克，兑水50~75千克喷雾，喷药间隔7~10天。安全间隔期为4天。

21. 可杀得通用名称为氢氧化铜。属低毒、广谱杀菌剂，能防治多种作物上的真菌和细菌病害。防治番茄早疫病可于发病前或发病初期每次每亩用77%可湿性粉剂133~200克，兑水75千克均匀喷雾，小苗酌减；黄瓜细菌性角斑病、菜豆细菌性角斑病、辣椒细菌性斑点病等细菌性病害，可用53.8%干悬浮剂1000倍液，或77%可湿性粉剂500~1000倍液在发病初期喷药。由于它的溶解性、扩散性、悬浮性极好，隔10天再喷1次药即能控制瘸害的蔓延，在不利的气候条件下，应考虑多次施用。该药应单独使用，避免与其他农药混用；施药宜在作物发病初期，发病后期效果较差。开花期慎用。安全间隔期为30天。

22. 氢氧亚铜又名铜大师、靠山。是以保护性为主兼有治疗作用的广谱、低毒无机铜杀菌剂，能预防蔬菜疫病、霜霉病、青枯病等多种病害。防治蔬菜疫病、霜霉病等真菌性病害，可于发病初期用56%水分散粒剂500~600倍液喷雾，视病情7~10天喷1次，连续喷2~3次，即可达较好的预防效果；防治茄果类青枯病、十字花科蔬菜软腐病等，可在发病初期用56%水分散粒剂500~600倍液喷雾，或300~400倍液灌根，每株灌200~250毫升。番茄早疫病可于发病前或发病初期开始喷药，每隔7~10天1次，每次每亩用56%水分散粒剂100~150克，兑水75千克均匀喷雾，小苗酌减；葡萄霜霉病可于发病初期用86.2%可湿性粉剂或干悬浮剂800~1200倍液喷雾，视病情或间隔10天左右喷药1次。蔬菜苗期、瓜类苗期及花期慎用，果树花期或幼果期禁止使用；该药应单独使用，避免与其他农药混用。

五、农药的安全间隔期

农药安全采收间隔期为最后一次施药至作物收获时允许的间隔天数，

即收获前禁止使用农药的日期。间隔期的长短与农药理化特性、毒性、残留期、剂型、施药浓度、作物种类、温度湿度、降雨等关系密切。因此在农作物上，特别是食用的农副产品，对某些农药国家制定了安全采收间隔期，确保农药残留不超过规定指标。《农药合理使用准则》中规定了各种农药在不同作物上的安全采收间隔期。大于安全间隔期施药，收获农产品中的农药残留量，不会超过规定的允许残留量，可以保证食用者的安全。如46%可杀得叁千（氢氧化铜）水分散粒剂的安全采收间隔期为3天；75%拿敌稳（肟菌·戊唑醇）水分散粒剂的安全间隔期：黄瓜为3天，番茄为5天。

日光温室低温雨雪天气预防措施

一、棚体管理

1. 对温室墙体有裂缝，山墙密封不严的地方，要认真检查，及时修补，增加温室密闭性。

2. 对温室骨架全面检查，校正变形钢梁，必要时在钢梁下增设立柱，遇到连阴雨雪天气要及时清理棚面积雪。

二、温度管理

1. 增加草帘数量（60米长的温室，2.2米长的蒲草帘数量应达到50个），在前屋面角处加盖立帘。

2. 进行多层覆盖，在草帘上面加盖一层旧棚膜，温室内前沿处加挂一层保温膜（高度1.2~1.4米）。

3. 燃烧木炭，将玉米芯、木材等在棚外燃烧，待无明烟后，移入棚内，生火炉（需架设排烟装置）。

4. 有条件的在棚内加设电钨灯、点燃酒精等。

5. 连阴天气时，只要不降雪，中午应及时揭开草帘，清扫棚面灰尘杂物，补光增温。

6. 对垄沟中耕覆草，增加地温降低湿度。

7. 久阴猛晴时，不要突然拉开草帘，要揭花帘，防止闪苗。

三、水肥管理

在连阴天气时一般不浇水，确需浇水，待天气晴朗后，采用膜下滴灌。追肥时，配合滴灌施入，也可选择叶面肥追施。

四、病虫害防治

连阴雨雪天气易诱发灰霉病、疫病等。防治上以降低湿度为主，及时摘除残枝败叶，改善通风透光，药剂防治最好选用烟雾剂。

日光温室风灾防御措施

一、预防措施

1. 检查棚膜，对棚膜破损处及时修补，拉紧压膜线。

2. 草帘按"品"字形整齐排放，旧的、薄的、质量不过关的草帘安装在紧挨膜面处，厚的、紧实的草帘放在上一层。

3. 大风来临时关闭风口，将草帘卷起 1/3 后，东西向横拉 3 道横绳，风口上端用土袋压住草帘。

二、补救措施

1. 造成钢梁变形的要及时校正钢梁，竹竿和拉丝折断的要及时更换。

2. 棚膜、风口膜损坏严重的要及时更换，损坏轻微的修补后及时加盖，同时固定好压膜线。

3. 草帘损坏的要及时修补并摆放整齐。

4. 大风过后，用清水冲洗植株叶面尘土，并将残枝、落叶清理到棚外。

5. 对作物喷施叶面肥，如植物动力 2003、叶面宝、磷酸二氢钾等，以提高植株的抗逆能力。